중국의 폐기물관리

윤석표 지음

도서출판 동화기술

본서는 2014년도 세명대학교 교수연구년 지원에 의해 수행된 결과로서
이에 감사드립니다.

머리말

2014년 2월부터 2015년 1월까지 1년간 연구년을 맞아서 중국 베이징에 머물면서 중국을 경험하는 소중한 시간을 가졌다. 이제 중국은 명실상부한 G2의 세계 강대국으로 도약하여 세계 각지에서 러브콜을 받고, 수많은 사람들이 몰려드는 각광받는 나라가 되었다.

환경분야에 있어서는 아직도 하드웨어적으로도 부족한 부분이 많고, 특히 소프트웨어적인 측면에서는 제도의 실행이나 시민의식 등에서 선진화하여야 할 부분이 많지만, 중국의 압도적인 인구 수에 의해서 환경산업의 규모는 비약적으로 발전하였다. 폐기물 소각시설을 예를 들면, 생활폐기물의 소각비율이 계속 증가하고 있으며, 소각시설 용량은 이미 세계 1위 수준에 도달하였다. 하지만, 폐기물의 분리수거가 잘 이루어지지 않고, 생활폐기물 중 음식물 쓰레기의 비중이 높아서 폐기물 매립지와 소각시설의 관리 측면에서 여전히 많은 문제점을 안고 있는 실정이다.

중국에 머물면서 중국의 폐기물 관리 현황을 조사하고 이를 소개하는 자료를 정리하는 것을 교수연구년의 성과로 계획하였는데, 다행히 베이징에 머무는 동안 여러 분들의 도움으로 폐기물 수거 및 처리시설을 직접 둘러볼 수 있었고, 또한 중국의 생활폐기물 관리 현황에 대한 국제워크숍에도 참석할 기회가 있어서 당초의 목표를 어느 정도 달성할 수 있었다.

본서는 중국 개요, 중국의 폐기물 관리 정책, 중국의 폐기물 발생 및 처리 현황, 중국의 폐기물 관련 법규 등을 대학에서 환경공학을 강의하고, 연구하는 학자의 관점에서 정리하여 보았으며, 부록에는 중국 환경관련 주요기관 홈페이지, 국가위험폐기물 목록, 폐기물 관련 영어－한국어－중국어 전공 용어 등을 정리하여 중국 관련 자료를 볼 때 다소나마 도움이 되도록 하였다.

미흡한 본서를 작성하는데 많은 분들의 도움이 있었다. 우선 1년간 연구년의 기회를 준 세명대학교에 감사드린다. 또한 본서를 조기에 작성하도록 격려하고 도움을 주신 서울대학교 김재영 교수님, 베이징 현지에서의 현장견학에 큰 도움을 주시고 함께 견학한 서울연구원의 유기영 박사님, 중국의 폐기물 관련 법령 자료를 제공해주신 한국환경공단 중국사무소의 홍지선 소장님, 초청장을 보내 주고 베이징에 머무는 동안 많은 편의를 제공해 주신 칭화대학교 Jiang Jianguo (蒋建国) 교수님, 작년 11월에 개최된 중국 도시폐기물에 관한 국제 워크숍에 초청해주어 중국 현황을 이해하는데 많은 도움을 주신 칭화대학교 Yue Dongbei(岳东北) 교수님, 수행하던 과제의 연구책임자 임무를 기꺼이 대신 맡아주신 세명대학교 임학상 교수님, 중국행을 격려하고 성원해주신 가천대학교 민달기 교수님 등의 도움이 컸음을 밝힌다. 국가위험폐기물 목록의 번역에 많은 도움을 준 서울대학교 박사과정에 재학 중인 Zhao Xin(赵鑫)군에게도 감사드린다.

아울러 가족을 한국에 두고 1년간 혼자 떠나는 중국행을 기꺼이 허락하고 성원해준 가족(아내 이은숙, 딸 윤정민, 아들 윤재준)들에게도 감사드린다.

제천 용두산 자락에서

저자 씀

차례

제 1 장 중국 개요

제 2 장 중국의 폐기물 관리 정책

제 3 장 중국의 폐기물 발생 및 처리현황

제 4 장 중국의 고형폐기물 처리현황

제 5 장 중국의 폐기물 관련 법규

제 6 장 중국의 폐기물 관리 관련 정부조직과 법의 이해

제 7 장 부록

CHAPTER 1
중국 개요

1.1 중국의 행정구역

중국의 행정구역은 헌법에서 규정하고 있는데 다음과 같다. 가장 상위의 행정구역은 성(省), 자치구(自治区), 직할시(直辖市)이다. 성(省) 및 자치구(自治区) 아래에는 자치주(自治州), 현(县), 자치현(自治县), 시(市) 등의 행정구역이 있다. 현(县)과 자치현(自治县) 아래는 향(乡), 민족향(民族乡), 진(镇) 등의 행정구역이 있으며, 직할시(直辖市)와 비교적 큰 시(市)는 아래에 구(区), 현(县)이 있으며, 자치주(自治州) 아래에는 현(县), 자치현(自治县), 시(市)가 있다. 향과 진은 기초 행정단위이다. 자치구(自治区), 자치주(自治州), 자치현(自治县)은 모두 소수민족들의 자치구역을 말한다. 중국 헌법에서는 행정구역을 3단계로 구분하고 있으나, 행정편의상 성급과 현급 사이에 지급(地级)을 포함시켜 4단계로 나누기도 한다. 즉, 성급(省级) → 지급(地级) → 현급(县级) → 향급(乡级)으로 구분된다.

<table>
<tr><td>성</td><td>자치구</td><td>직할시</td><td>34개</td></tr>
<tr><td colspan="2">지급시, 자치주, 지구, 맹</td><td></td><td>333개</td></tr>
<tr><td colspan="3">직할구, 현급시, 현, 자치현, 기(旗)</td><td>2800여개</td></tr>
<tr><td colspan="3">진, 향(민족향), 가도(街道)</td><td>40000여개</td></tr>
</table>

2014년 말 현재 중국에는 34개의 성급(省级) 행정구가 있으며, 여기에는 23개 성(省)과 5개 자치구(自治区), 4개 직할시(直辖市), 2개 특별행정구(特别行政区)가 있다. 역사상 및 관습상 각 성급 행정구는 한자(漢子) 한 글자로 간략하게 표시하는 간칭(简称)이 있으며, 성급 인민정부가 있는 곳은 성회(省会, 우리나라의 도청소재지와 같은 곳)라 부른다. 2014년 11월 현재 중국 대륙 내에는 지급(地级)이 총 333개가 있으며, 288개 지급시(地级市), 30개 자치주(自治区), 12개 지구(地区), 3개 맹(盟)이 여기에 해당한다. 홍콩과 마카오 등 2개의 특별행정구는 각각 홍콩이 1997년 7월 1일에, 마카오는 1999년 12월 20일에 특별행정구로 편입되었다.

한편, 각 성들은 행정구역은 아니나, 편의상 크게 몇 개의 성을 묶어서 7대 권역으로 나누어 지역적으로 구분하고 있다.

〈표 1.1〉 중국의 성급 행정구역

구분	명칭	약칭	성도	면적(km²)	인구(만명)
성	河北省	冀	石家庄	188,000	7,288
	山西省	晋	太原	156,700	3,611
	辽宁省	辽	沈阳	148,000	4,389
	吉林省	吉	长春	187,400	2,750
	黑龙江省	黑	哈尔滨	473,000	3,834
	江苏省	苏	南京	102,600	7,920
	浙江省	浙	杭州	101,800	5,477
	安徽省	皖	合肥	139,600	6,902
	福建省	闽	福州	124,000	3,748
	台湾省	台	台北	36,200	2,248
	江西省	赣	南昌	166,900	4,503
	山东省	鲁	济南	157,100	9,685
	河南省	豫	郑州	167,000	10,543
	湖北省	鄂	武汉	185,900	5,779
	湖南省	湘	长沙	211,800	6,639
	广东省	粤	广州	179,800	10,505
	海南省	琼	海口	35,000	887
	四川省	川 / 蜀	成都	486,000	8,076
	贵州省	贵 / 黔	贵阳	176,000	3,484
	云南省	云 / 滇	昆明	394,000	4,659
	陕西省	陕 / 秦	西安	205,800	3,753
	甘肃省	甘 / 陇	兰州	425,800	2,578
	青海省	青	西宁	722,300	573
자치구	内蒙古自治区	内蒙古	呼和浩特	1,183,000	2,490
	广西壮族自治区	桂	南宁	237,600	5,240
	西藏自治区	藏	拉萨	1,202,200	303
	宁夏回族自治区	宁	银川	66,400	625
	新疆维吾尔自治区	新	乌鲁木齐	1,664,900	2,233
직할시	北京市	京		16,411	2,019
	天津市	津		11,917	1,413
	上海市	沪		6,341	2,347
	重庆市	渝		82,400	2,945
특별행정구	香港特别行政区 (홍콩)	港		1,104	715
	澳门特别行政区 (마카오)	澳		31	61

※ 인구는 2012년 말 기준이며, 인구와 면적은 http://www.gov.cn/guoqing 자료에 근거함. 타이완이 행정구역에 포함되어 논란의 여지가 있으나, 자료상의 참조를 위해 포함시킴

〈표 1.2〉 중국의 7대 권역

권역	해당 성(省)
동북(东北)	黑龙江・吉林・辽宁
화북(华北)	北京・天津・河北・山西・内蒙古
화동(华东)	上海・山东・江苏・安徽・江西・浙江・福建・台湾
화중(华中)	湖北・湖南・河南
화남(华南)	广东・广西・海南・香港・澳门
서남(西南)	重庆・四川・贵州・云南・西藏
서북(西北)	陕西・甘肃・宁夏・新疆・青海

지급(地级)은 성급과 현급의 중간에 위치하는 행정구역으로 지급시(地级市), 지구(地区), 자치주(自治州), 행정구(行政区), 맹(盟) 등이 이에 속한다.

- 지급시(地级市) : 지급시는 하부에 구(区), 현(县)을 둘 수 있는 비교적 큰 시(市)
- 지구(地区) : 지구는 성(省)・자치구(自治区)의 출장기구 성격으로 몇 개의 현, 자치현, 시를 관리한다.
- 자치주(自治州) : 소수민족이 집단으로 거주하는 지역에 설치된 것으로 성급과 현급 사이의 행정구역이다.
- 맹(盟) : 내몽고 자치구의 지급(地级) 행정구역

성, 자치구 아래에는 자치주, 현, 자치현, 시 등의 행정구역이 있다. 직할시와 비교적 큰 시는 아래에 행정구역이 구(区)와 현(县)으로 세분화되며, 자치주는 현, 자치현, 시로 세분화된다.

현, 자치현 아래에는 향(乡), 민족향(民族乡), 진(镇) 등의 행정구역이 있다. 향(乡)과 진(镇)은 중국에서 가장 하부에 있는 기초 행정단위이다. 향은 우리나라의 "면"에 해당하며, 진은 "읍"이나 "동"에 해당한다고 보면 되겠다.

1.2 중국의 기후

1.2.1 기온

1) 겨울철 기온분포

1월의 등온선에서 0℃ 등온선은 회하(淮河) – 진령(秦岭) – 청장고원(青藏高原) 동남쪽 가장자리를 통과한다. 이 선 북쪽 지역은 0℃ 이하이고, 이중 흑룡강 막하(黑龙江 漠河)의 기온은 –30℃ 이하이다. 이 선 이남 지역의 기온은 0℃ 이상이다.

2) 여름철 기온분포

7월의 등온선을 살펴보면 서북부의 청장고원(青藏高原)과 천산(天山) 지역 이외에는 대부분 지역이 20℃ 이상이며, 남방의 많은 지역은 28℃ 이상이다. 신강 투르판 분지의 7월 평균 기온은 32℃에 이른다. 청장고원(青藏高原)과 같은 고지대를 제외하고는 중국 전역이 기온이 높으며, 남과 북의 기온차가 크지 않다.

1.2.2 강수량

중국기상국이 발표한 2014년 중국기상공보(2014年中国气候公报)에 의하면 2014년의 경우 양자강 중하류 및 이남 지역과 중경(重庆), 사천성 동부, 귀주, 운남성 남부와 동부, 해남(海南)의 강수량은 1000～2000 mm이며, 해남(海南) 동부, 복건성 북부, 광서성 남부 일부 지역은 2,000 mm 이상이었다. 반면, 동북(东北)의 대부분・화북(华北)의 남부・서남(西北)의 동부 및 내몽고 동북부 일부 지역, 사천 서부, 귀주 서부・운남 북부・서장(西藏) 동부・청해(青海) 동남부 등 지역의 강수량은 500～1000 mm를 나타내었다. 화북(华北) 북부・서북(西北) 중부 및 내몽고 대부분, 서장(西藏) 서부, 신강(新疆) 북부 등은 100～500 mm의 강수량을 보이며, 신강(新疆) 남부, 감숙(甘肃) 서부, 청해(青海) 서북부, 서장(西藏) 서북부, 내몽고(内蒙古) 서북부 일부 지역은 100 mm 이하의 강수량을 보였다. 즉, 중국 동남부의 바다에 인접한 지역의 강수량이 가장 높고, 서북의 고원지대의 강수량은 극히 낮은 분포를 보이고 있다.

최근 20년간(1994～2013) 베이징의 연평균 강수량은 515.6 mm으로 같은 기간 (1994～2013) 서울의 연평균 강수량 1549.1 mm과 비교하면[1] 1/3 수준으로 낮은 것을 볼 수 있다. 2013년의 베이징과 서울의 월간 강수량을 비교하면 예년에 비교하면 특이하게 강수량이 낮았던 6월의 경우를 제외하고는 서울의 강수량이 베이징보다 큰 것을 확인할 수 있다.

따라서 베이징의 경우 서울과 비교할 때 건조하며, 강수에 의한 대기 세정 효과를 기대하기 어려우며, 용수공급 측면에서도 만성적인 물 부족 현상으로 지하수를 채취하거나, 양자강의 강물을 끌어서 부족한 용수를 보충하는 남수북조(南水北調)에 의지할 수밖에 없는 실정이다.

2014년 말에 완공된 남수북조의 중선(中線)은 베이징 · 톈진(天津) · 허베이(河北) · 허난(河南) 등 지역에 연간 95억 m^3의 물을 공급하며, 이를 통해 6000만명이 생활용수를 얻게 된 대규모 용수공급 사업이다.

〈표 1.3〉 베이징과 서울의 2013년 월간 강수량 비교 (단위 : mm)

월	베이징	서울	월	베이징	서울
1	3.3	22.1	7	174.8	676.2
2	3.5	74.1	8	95.7	148.6
3	13.8	27.3	9	72.8	138.5
4	9.8	71.7	10	12.8	13.5
5	7.1	132	11	0.5	46.9
6	114.3	28.3	12	0	24.7
			연 강수량	508.4	1403.9

1) 자료출처 : 기상청 홈페이지 국내기후자료 중 요소별 자료(http://www.kma.go.kr/weather/climate/past_table.jsp)

〈표 1.4〉 중국 남수북조 사업 개요

	남수북조 사업	
	중선(中線)	동선(東線)
투자액(위안)	920억	420억
길이(km)	1432	1467
수량(m^3/초)	350～420	800
수혜도시	베이징, 텐진, 스좌장, 정저우 등	지난, 옌타이, 웨이하이 등
수혜인구	6000만명	1억명
준공년도	2014년	2013년

※ 자료출처 : 중앙일보 2014.12.29 기사, 양쯔강 물 베이징까지… 마오 '남수북조' 60년 만에 결실

〈그림 1.1〉
중국의 남수북조 노선도

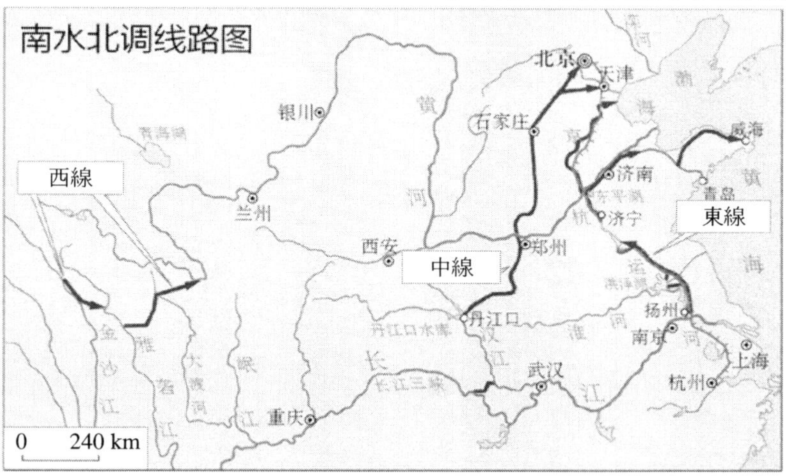

※ 자료출처 : 中國南水北調 홈페이지, http://www.nsbd.gov.cn

2 CHAPTER
중국의 폐기물 관리 정책

2.1 중국의 폐기물 관리 개요

도시 고형폐기물 관리와 관련 있는 중앙부처로는 주택 및 도시농촌 건설부(住房和城乡建设部)와 환경보호부가 있다. 주택 및 도시농촌 건설부는 도시 고형폐기물의 청소, 수집, 저장, 운송, 최종처분의 감독 및 행정업무를 담당하며(도시생활폐기물 관리방법, 城市生活垃圾管理办法, 中华人民共和国建设部令第157号, 2007년), 환경보호부는 유해폐기물의 수집, 처리, 처종처분 및 폐기물 국제 교역, 폐기물 처리시설의 건설과 운영에 의해 발생하는 2차 오염과 관련한 행정 및 감시업무를 담당하고 있다.

중국은 생활폐기물 발생량 저감을 위해 1회용 봉투 사용억제 정책을 시행하고 있는데, 대형매장에서는 2008년 6월 1일부터 유상으로 판매하도록 규정하고 있다(Chen, Geng 등, 2010). 실제 2014년 현재 베이징시의 대형매장에서는 비닐봉투 1개에 0.2위안(약 40원)의 가격으로 유상판매를 하고 있으며, 이는 비닐봉투 사용을 억제하는 효과가 있는 것으로 판단된다.

도시폐기물 매립지의 배출기준(GB 16889-1997)이 2008년 7월에 개정되었다. 개정된 규정에서는 매립지 건설과 오염물질 규제에 대해서 보다 엄격한 규제기준이 설정되었다.

예를 들어, 매립용량이 250만톤 이상이고, 매립고가 20 m 이상이면, 매립가스 추출 및 처리시설을 갖추어야 하고, 경계면에 10 m 이상의 buffer zone을 두어야 한다.

도시고형폐기물 소각의 오염제어기준(GB 18485-2001)은 2001년에 설정되었다. 대기오염 배출기준이 설정되고, 바닥재는 일반 도시폐기물로 처리할 수 있으나, 비산재는 유해폐기물로 처리하도록 규정하고 있다.

도시 재정 상태와 환경에 대한 관심 정도에 따라 폐기물 관리에 투자되는 비용은 상이한데, 중국 Dalian(대련)의 경우 2006년에 850만 위안이 투자되었는데, 이를 1인당 기준으로 환산할 때 중국 평균의 4.5배에 해당하는 금액이라고 한다(Chen, Geng 등, 2010).

폐기물 소각장과 매립지와 같은 대규모 비용이 투자되는 경우에는 민간자본이 투자되기도 하는데, BOT(Build-Operate-Transfer) 방식이 적용된다.

2.2 폐기물의 분류

폐기물은 「고형폐기물환경오염방지법」에 의거하여 생활폐기물, 공업고형폐기물과 위험폐기물 등 3종으로 분류하여 관리하고 있다.

공업고형폐기물 중 대량으로 발생하는 폐기물로는 야금산업 고형폐기물(슬래그류), 발전산업에서 발생하는 고형폐기물(플라이애쉬 등), 석유화학산업에서 발생하는 폐기물, 광산업에서 발생하는 폐기물(폐석, 광미 등), 식품, 제지, 섬유, 피혁 등 경공업 분야에서 발생하는 폐기물, 기타 산업에서 발생하는 폐기물 등으로 구분할 수 있다.

공업고형폐기물 중 「국가위험폐기물 목록」에 들어있거나, 위험폐기물 판정기준(危险废物鉴别标准, GB5085)에 의해 위험폐기물로 판정되는 폐기물은 위험폐기물로 관리된다.

2008년에 개정된 「국가위험폐기물 목록」에는 총 49개의 대분류로 이루어져 있으며, <표 2.1>과 같다. 보다 자세한 내용은 <부록 2>에 나타내었다. 목록에는 폐기물의 종류와 배출원 이외에 분류 코드, 위험특성 등이 함께 표시되어 있다. 국가위험폐기물 목록은 2014년 현재 개정 작업 중에 있다.

〈표 2.1〉 국가위험폐기물 목록의 분류

분류	업 종
HW01 의료폐기물	위생, 비특정업종
HW02 의약폐기물	화학약품의 원료 제조, 화학약품 제제의 제조, 동물용 약품 제조, 생물, 생화학제품 제조
HW03 폐의약물 및 폐의약품	비특정 업종
HW04 농약 폐기물	농약 제조, 비특정 업종
HW05 목재방부제 폐기물	톱질된 목재 및 목편 가공, 전용 화학제품 제조, 비특정 업종
HW06 유기용제폐기물	기초화학 원료제조
HW07 열처리작업에서 시안이 함유된 폐기물	금속표면 처리 및 열처리 가공
HW08 폐광물유	원유 및 천연가스 개발, 석유 정련 제품 제조, 도료/잉크/안료 및 관련된 제품 제조, 전용 화학제품 제조, 선박 제조, 비특정 업종
HW09 유/수, 알킬/수혼합물 또는 유화액	비특정 업종
HW10 PCBs 폐기물	비특정 업종
HW11 증류 잔재	석유 정제 제품 제조, 코크스 제조, 기초화학 원료제조, 상용 비철

	금속 제련, 환경관리업종, 비특정 업종
HW12 염료, 도료 폐기물	도료, 잉크, 안료 및 관련된 제품 제조, 펄프 제조, 비특정 업종
HW13 유기 수지류 폐기물	기초화학 원료제조, 비특정 업종
HW14 신 화학약품 폐기물	비특정 업종
HW15 폭발성 폐기물	폭약 및 화공 제품 제조, 비특정 업종
HW16 감광 재료 폐기물	전용 화학제품 제조, 인쇄, 전자부품 제조, 영화, 촬영 확대 현상 서비스, 비특정 업종
HW17 표면 처리 폐기물	금속표면 처리 및 열처리 가공
HW18 소각 처리 소각재	환경제어
HW19 금속 카르보닐 화합물 폐기물	비특정 업종
HW20 베릴륨이 함유된 폐기물	기초화학 원료제조
HW21 크롬이 함유된 폐기물	가죽 무두질 및 제품 가공, 인쇄, 기초화학 원료제조, 철합금 제련, 금속표면 처리 및 열처리 가공, 전자부품 제조
HW22 구리가 함유된 폐기물	상용 비철 금속광 개발, 인쇄, 유리 및 유리 제품 제조, 전자부품 제조
HW23 아연이 함유된 폐기물	금속표면 처리 및 열처리 가공, 전지 제조, 비특정 업종
HW24 비소가 함유된 폐기물	상용 비철 금속광 개발
HW25 셀렌이 함유된 폐기물	기초화학 원료제조
HW26 카드뮴이 함유된 폐기물	전지 제조
HW27 안티몬이 함유된 폐기물	기초화학 원료제조
HW28 텔루륨이 함유된 폐기물	기초화학 원료제조
HW29 수은이 함유된 폐기물	원유 및 천연가스 채굴, 귀금속광 채굴, 인쇄, 기초화학 원료제조, 합성 재료 제조, 전지 제조, 조명기구 제조, 통용 측정기계 제조,, 기초화학 원료제조, 다종 발생원
HW30 탈륨이 함유된 폐기물	기초화학 원료제조
HW31 납이 함유된 폐기물	유리 및 유리 제품 제조, 인쇄, 제강, 전지 제조, 공예미술품 제조, 폐기된 자원과 폐재료 회수 가공업, 비특정 업종
HW32 무기 불소 화합물 폐기물	비특정 업종
HW33 무기 시안화물 폐기물	귀금속광 개발, 금속표면 처리 및 열처리 가공, 비특정 업종
HW34 폐산	석유 정제 제품 제조, 기초화학 원료제조, 강철 압연 가공, 금속표면 처리 및 열처리 가공, 전자부품 제조, 비특정 업종
HW35 폐알칼리	석유 정제 제품 제조, 기초화학 원료제조, 가죽 무두질 및 제품 가공, 펄프 제조, 비특정 업종
HW36 폐석면	석면 선별, 기초화학 원료제조, 시멘트 및 석고 제품 제조, 내화 재료 제조, 자동차 제조, 선박 제조, 비특정 업종
HW37 유기인 화합물 폐기물	기초화학 원료제조, 비특정 업종
HW38 유기 시안화합물 폐기물	기초화학 원료제조
HW39 페놀이 함유된 폐기물	코크스 제조, 기초화학 원료제조
HW40 에테르가 함유된 폐기물	기초화학 원료제조
HW41 할로겐족 폐유기용제	인쇄, 기초화학 원료제조, 전자부품 제조, 비특정 업종

HW42 폐유기용제	인쇄, 기초화학 원료제조, 전자부품 제조, 가죽 무두질, 비특정 업종
HW43 PCDFs류 폐기물	비특정 업종
HW44 PCDDs류 폐기물	비특정 업종
HW45 유기 할로겐화물이 함유된 폐기물	기초화학 원료제조, 비특정 업종
HW46 니켈이 함유된 폐기물	기초화학 원료제조, 전지 제조, 비특정 업종
HW47 바륨이 함유된 폐기물	기초화학 원료제조, 금속표면 처리 및 열처리 가공
HW48 비철 금속 제련 폐기물	상용 비철 금속 제련, 귀금속 제련
HW49 기타 폐기물	환경제어, 비특정 업종

2.3 "十二五" 계획에 따른 중국의 폐기물 관리 정책

중국은 1953년부터 5년 단위의 국가 중·단기 계획을 수립하고 있으며, 현재는 “十二五” 계획이 진행 중에 있다. 즉, 12번째의 5개년 계획이 현재 진행 중에 있으며, 이는 중국의 국가경제 및 사회발전 전 분야에 대한 5개년 계획으로, 계획기간은 2011년부터 2015년까지이다.

“十二五” 계획에 따른 생활폐기물 처리시설 설치 계획이 “十二五” 全国城镇生活垃圾无害化处理设施建设规划(国办发 [2012] 23号)이며, 2012년에 발표되었다.

이 계획에 따르면 인구 3만 이상의 전국의 모든 진(镇)에 시행된다. 2010년 말 기준으로 전국 청소대상 구역의 생활폐기물 수거량은 2.21억톤이었으며, 생활폐기물 무해화 처리율은 63.5%였다. 그 중 시 지역은 77.9%였고, 현 지역은 27.4%였다.

1) 주요 목표

2015년까지 직할시, 성도(省会), 계획도시(计划单列市)[2]의 생활폐기물 전부를 무해화 처리하고, 시급 도시 생활폐기물의 무해화 처리율을 90% 이상, 현급 도시 생활

2) 计划单列市 : 요녕성 대련(大连), 산동성 청도(青岛), 절강성 영파(宁波), 복건성 하문(厦门), 광동성 심천(深圳) 등 1980년대에 동부 연안지역의 경제발전을 위해 성급의 경제관리 권한이 부여된 5개 시

폐기물의 무해화 처리율을 70% 이상 도달하도록 한다. 전국 도시(城镇)에 신설되는 생활폐기물 무해화 처리시설의 계획 용량 합계는 58만톤/일이다.

2015년까지 전국 도시생활폐기물 소각처리시설의 용량을 무해화 처리용량의 35%가 되도록 하며, 동부지구는 48% 이상이 되도록 한다.

2015년까지 생활폐기물 분리배출 시범사업을 전면적으로 추진한다. 50%의 구 지역 도시에서 음식물 쓰레기 분리 수집 운반을 우선 실시한다. 각 성(구, 시)은 1개 이상의 생활폐기물 분류 시범 도시를 선정한다.

2015년까지 완벽한 도시생활폐기물 처리 감시 감독 체계를 수립한다.

2) 투자계획

"十二五" 기간 동안 전국 도시생활폐기물 무해화 처리시설 건설에 투자되는 금액은 약 2636억 위안(44.8조원)이다. 이중 무해화 처리시설에 투자되는 금액이 1730억 위안(29.4조원, "十一五" 계속 투자액 345억 위안 포함)으로 65.6%를 차지하며, 적환장 운영체계 건설 투자에 351억 위안(6조원)으로 13.3%, 보관시설 개선 사업에 211억 위안(3.6조원) 8.0%, 주방쓰레기 처리 설비에 109억 위안(1.9조원) 4.1%, 폐기물 분류 시범사업에 210억 위안(3.6조원) 8.0%, 감시감독 체계 투자에 25억 위안(4,250억 원) 1.0% 등의 예산이 투자될 예정이다.

〈표 2.2〉 "十二五" 계획에 따른 중국 각 성의 생활폐기물 처리시설 규모(단위 : 톤/일)

번호	지역	2010년 처리용량	"十二五" 신설용량		"十二五" 폐쇄시설 처리용량	2015년 처리용량
			계속 건설 처리용량	"十二五" 신규건설용량		
	全国	456,917	182,126	397,988	165,540	871,491
1	北京	16,680	650	18,196	6,630	28,896
2	天津	8,200	2,500	5,900	700	15,900
3	河北	18,799	5,116	13,314	5,940	31,289
4	山西	12,395	2,087	10,592	5,500	19,574
5	内蒙古	11,641	3,770	9,420	4,349	20,482
6	辽宁	19,653	9,853	16,981	3,700	42,787
7	吉林	6,841	9,270	8,300	3,610	20,801
8	黑龙江	11,503	5,116	13,491	2,213	27,897
9	上海	10,545	3,100	21,100	1,350	33,395
10	江苏	39,360	5,530	25,400	11,450	58,840
11	浙江	41,352	11,075	17,850	9,823	60,454
12	安徽	9,601	9,046	6,619	330	24,936
13	福建	19,359	3,700	9,140	2,041	30,158
14	江西	6,241	7,871	8,563	3,092	19,583
15	山东	41,717	9,250	39,448	15,300	75,115
16	河南	30,036	27,539	16,775	28,100	46,250
17	湖北	14,559	5,603	15,632	8,566	27,228
18	湖南	13,593	13,369	11,370	3,700	34,632
19	广东	34,116	17,675	40,775	18,030	74,536
20	广西	11,078	1,660	6,890	1,914	17,714
21	海南	1,814	0	2,225	1,200	2,839
22	重庆	10,009	3,094	9,730	2,932	19,901
23	四川	20,689	3,429	12,207	2,744	33,581
24	贵州	5,897	6,128	9,780	2,375	19,430
25	云南	12,086	4,145	13,660	2,515	27,376
26	西藏		256	840	300	796
27	陕西	14,719	4,562	13,475	5,000	27,756
28	甘肃	3,793	2,332	6,438	2,914	9,649
29	青海	1,441	0	2,235	1,597	2,079
30	宁夏	2,905	0	920	0	3,825
31	新疆	6,295	3,973	8,917	7,625	11,560
32	新疆生产建设兵团		427	1,805		2,232

〈표 2.3〉 "十二五" 계획에 따른 전국 생활폐기물 처리방법

번호	지역	2010년						2015년					
		처리시설용량(톤/일)			점유율(%)			처리시설용량(톤/일)			점유율(%)		
		매립	소각	기타	매립	소각	기타	매립	소각	기타	매립	소각	기타
	全国	352,038	89,625	15,254	77	20	3	513,748	307,155	50,588	59	35	6
1	北京	12,080	2,200	2,400	73	13	14	8,746	12,900	7,250	30	45	25
2	天津	6,400	1,800	0	78	22	0	7,500	6,900	1,500	47	43	10
3	河北	15,249	2,450	1,100	81	13	6	18,729	8,640	3,920	60	28	12
4	山西	9,595	2,800	0	77	23	0	11,239	7,030	1,305	57	36	7
5	内蒙古	10,394	0	1,247	89	0	11	14,835	4,400	1,247	72	22	6
6	辽宁	19,053	0	600	97	0	3	32,106	6,340	4,341	75	15	10
7	吉林	4,801	2,040	0	70	30	0	13,961	6,340	500	67	31	2
8	黑龙江	10,403	500	600	91	4	5	22,507	3,200	2,190	81	11	8
9	上海	5,750	2,575	2,220	55	24	21	9,400	19,475	4,520	28	58	14
10	江苏	24,168	15,192	0	61	39	0	26,598	31,242	1,000	45	53	2
11	浙江	22,062	18,535	755	53	45	2	22,614	37,085	755	38	61	1
12	安徽	7,851	1,750	0	82	18	0	19,286	5,650	0	77	23	0
13	福建	12,074	7,285	0	62	38	0	12,263	16,495	1,400	41	55	4
14	江西	6,241	0	0	100	0	0	12,080	4,000	3,503	62	20	18
15	山东	31,835	8,580	1,302	76	21	3	38,283	31,280	5,552	51	42	7
16	河南	27,076	2,400	560	90	8	2	38,690	7,000	560	84	15	1
17	湖北	13,159	1,000	400	90	7	3	18,898	7,200	1,130	69	27	4
18	湖南	13,593	0	0	100	0	0	25,862	7,900	870	75	23	3
19	广东	22,373	11,743	0	66	34	0	33,043	41,493	0	44	56	0
20	广西	9,438	1,240	400	85	11	4	9,944	7,270	500	56	41	3
21	海南	1,589	225	0	88	12	0	1,014	1,825	0	36	64	0
22	重庆	8,809	1,200	0	88	12	0	8,901	11,000	0	45	55	0
23	四川	16,649	2,740	1,300	81	13	6	27,041	5,240	1,300	80	16	4
24	贵州	5,897	0	0	100	0	0	19,430	0	0	100	0	0
25	云南	7,706	2,870	1,510	64	24	12	16,521	6,450	4,405	60	24	16
26	西藏							796	0	0	100	0	0
27	陕西	13,359	500	860	91	3	6	18,916	7,200	1,640	68	26	6
28	甘肃	3,793	0	0	100	0	0	6,649	1,800	1,200	69	19	12
29	青海	1,441	0	0	100	0	0	2,079	0	0	100	0	0
30	宁夏	2,905	0	0	100	0	0	3,025	800	0	79	21	0
31	新疆	6,295	0	0	100	0	0	10,560	1,000	0	91	9	0
32	新疆生产建设兵团							2,232	0	0	100	0	0

〈표 2.4〉 "十二五" 계획에 따른 신 · 증설되는 적환장 용량과 매립시설 개선사업

번호	지역	적환장 용량 (톤/일)	운송 용량 (톤/일)	매립시설 개선사업 (개소)	번호	지역	적환장 용량 (톤/일)	운송 용량 (톤/일)	매립시설 개선사업 (개소)
	전국	456,659	457,401	1,882 *	17	湖北	14,720	15,074	74
1	北京	3,250	7,000	278	18	湖南	13,780	9,520	30
2	天津	4,200	5,869	3	19	广东	30,855	30,855	82
3	河北	23,763	23,763	41	20	广西	7,690	7,690	57
4	山西	13,762	13,755	48	21	海南	3,785	2,560	15
5	内蒙古	17,700	16,404	47	22	重庆	26,574	26,574	74
6	辽宁	25,803	25,803	65	23	四川	13,636	12,576	50
7	吉林	15,600	15,600	103	24	贵州	12,610	12,610	90
8	黑龙江	26,889	26,889	69	25	云南	12,710	12,710	142
9	上海	12,900	12,900	16	26	西藏	115	410	0
10	江苏	26,150	21,873	38	27	陕西	19,730	23,420	73
11	浙江	7,053	7,540	40	28	甘肃	7,435	7,569	39
12	安徽	26,655	24,335	26	29	青海	1,760	1,760	52
13	福建	12,265	10,477	62	30	宁夏	3,580	3,550	21
14	江西	8,780	8,925	117	31	新疆	3,619	9,155	16
15	山东	32,270	32,270	46	32	新疆生产建设兵团	1,700	2,645	0
16	河南	25,320	25,320	68					

* 1882개소 중 매립시설 개선 503개소, 매립지 사용종료 802개소, 비위생매립지 정비 577개소

〈표 2.5〉 "十二五" 계획에 따른 음식물 쓰레기 처리시설 건설 계획

번호	지역	시설 수(개소)	처리용량(톤/일)	번호	지역	시설 수(개소)	처리용량(톤/일)
	전국	242	30,215	16	河南	17	1,420
1	北京	14	2,095	17	湖北	8	900
2	天津	3	800	18	湖南	7	430
3	河北	11	2,240	19	广东	17	3,990
4	山西	7	1,000	20	广西	7	740
5	内蒙古	9	1,170	21	海南	3	300
6	辽宁	12	1,890	22	重庆	6	850
7	吉林	4	800	23	四川	14	1,160
8	黑龙江	6	450	24	贵州	5	550
9	上海	6	630	25	云南	6	590
10	江苏	13	1,100	26	西藏	1	20
11	浙江	15	1,925	27	陕西	5	570
12	安徽	9	600	28	甘肃	5	420
13	福建	10	1,250	29	青海	2	285
14	江西	7	330	30	宁夏	3	200
15	山东	6	890	31	新疆	4	620

〈표 2.6〉 "十二五" 계획에 따른 생활폐기물 처리시설 건설 투자계획(단위 : 억 위안)

번호	지역	신설 처리시설	건설 중 처리시설	적환장 시설	음식쓰레기 처리시설	매립지 관련	선별 시설	감시감독 체계	총투자액
	전국	1,385	345	351	109	211	210	25	2,636
1	北京	86.2	1.6	0.0	7.3	20.0	30.0	1.5	146.6
2	天津	20.4	7.5	4.6	2.2	2.3	5.0	0.5	42.5
3	河北	40.4	8.5	17.6	6.7	2.9	5.0	1.0	82.1
4	山西	34.9	3.3	9.3	4.0	6.6	5.0	0.6	63.7
5	内蒙古	30.4	4.8	13.1	4.7	2.8	5.0	0.5	61.3
6	辽宁	53.8	22.8	20.6	7.6	8.3	10.0	0.6	123.7
7	吉林	24.8	12.7	12.5	2.4	11.5	5.0	0.7	69.6
8	黑龙江	40.4	6.6	22.7	1.8	10.6	5.0	0.5	87.6
9	上海	90.8	3.8	12.1	0.9	9.0	5.0	1.2	122.8
10	江苏	88.8	12.0	15.7	4.4	6.8	5.0	1.6	134.3
11	浙江	58.4	26.2	5.0	5.8	4.5	10.0	2.5	112.4
12	安徽	21.3	17.9	15.5	2.4	5.3	5.0	0.6	68.0
13	福建	40.7	11.0	13.1	5.1	12.2	10.0	1.5	93.6
14	江西	29.0	19.0	6.6	1.3	7.7	5.0	0.4	69.0
15	山东	126.3	21.6	29.1	3.2	6.9	10.0	1.7	198.8
16	河南	41.2	19.8	12.5	5.7	6.4	5.0	0.7	91.3
17	湖北	48.8	16.7	13.0	3.6	6.9	5.0	0.5	94.5
18	湖南	48.5	28.1	8.3	1.7	7.5	5.0	0.7	99.8
19	广东	159.8	42.3	21.0	13.2	23.0	10.0	2.1	271.4
20	广西	26.4	6.0	4.8	3.4	4.7	5.0	0.6	50.9
21	海南	8.4	0.0	2.8	1.3	0.8	5.0	0.4	18.7
22	重庆	34.2	1.9	18.6	3.4	5.0	5.0	0.6	68.7
23	四川	37.9	9.8	12.6	4.6	4.8	5.0	0.4	75.1
24	贵州	29.8	14.4	9.2	2.2	5.6	5.0	0.4	66.6
25	云南	44.6	8.7	10.1	2.3	11.4	5.0	0.6	82.7
26	西藏	6.3	1.1	1.0	0.1	0.0	5.0	0.3	13.8
27	陕西	44.4	8.6	19.2	1.8	5.8	5.0	0.4	85.2
28	甘肃	19.8	1.7	6.9	1.7	2.7	5.0	0.3	38.1
29	青海	8.9	0.0	2.0	1.1	1.9	5.0	0.2	19.1
30	宁夏	3.8	0.0	2.9	0.7	2.4	5.0	0.2	15.0
31	新疆	31.1	6.2	6.2	2.4	4.7	5.0	0.2	55.8
32	新疆生产建设兵团	4.5	0.4	2.4	0.0	0.0	5.0	0.0	12

3 CHAPTER

중국의 폐기물 발생 및 처리현황

3.1 중국의 생활폐기물 발생 및 처리현황

3.2 중국의 생활폐기물 특성

3.3 베이징시의 폐기물 발생 및 처리현황

3.4 상하이시의 폐기물 발생 및 처리현황

3.5 중국의 산업폐기물 발생현황

3.1 중국의 생활폐기물 발생 및 처리현황

중국의 생활폐기물 발생 및 처리현황은 중화인민공화국 국가통계국 홈페이지[3]에서 확인할 수 있다. 2011~2013년의 생활폐기물 발생 및 처리현황을 비교하면 <표 3.1>과 같다.

2013년 말 기준 중국의 인구는 13.6억 인으로 보고되고 있으므로 생활폐기물 수집량 기준으로 1인 1일 생활폐기물 수집량은 0.35 kg에 해당한다. 이는 개인 수집자에 의해서 비공식적으로 수집되는 재활용 가능한 폐기물은 제외된 양으로 공식적으로 수집된 양만 집계한 것이다.

〈표 3.1〉 중국의 생활폐기물 발생 및 처리현황

항 목	2011년	2012년	2013년	2013-2012년
생활폐기물 수집량(만톤)	16,395	17,081	17,239	158
생활폐기물 처리량(만톤)	13,089.6	14,489.5	15,394.0	905
생활폐기물 처리율(%)	79.7	84.8	89.3	5
생활폐기물 처리용량(톤/日)	409,119	446,268	492,300	46,032
생활폐기물 퇴비화 처리량(만톤)	2,599.3 (?)	-	-	-
생활폐기물 소각처리량(만톤)	2,599.3	3,584.1	4,633.7	1,050
생활폐기물 퇴비화 처리시설 수(개)	-	-	-	-
생활폐기물 소각처리시설 수(개)	109	138	166	28
생활폐기물 퇴비화 처리시설 용량(톤/日)	-	-	-	-
생활폐기물 소각처리시설 용량(톤/日)	94,114	122,649	158,488	35,839
생활폐기물 위생매립량(만톤)	10,063.7	10,512.5	10,492.7	－20
생활폐기물 위생매립장 수(개)	547	540	580	40
생활폐기물 위생매립 용량(톤/日)	300,195	310,927	322,782	11,855

※ 자료출처 : 중화인민공화국 국가통계국 홈페이지

3) 중화인민공화국 국가통계국 홈페이지, http://data.stats.gov.cn

생활폐기물의 처리는 크게 매립, 소각, 퇴비화로 구별되고 있는데, 퇴비화의 경우 2011년에는 2,599만톤을 처리한 것으로 보고되고 있으나, 2012년과 2013년에는 전혀 퇴비화 방식으로 처리하지 않은 것으로 나타났다. 하지만, 실제로는 퇴비화 시설이 운전되고 있는 것을 확인한 바 있으므로 이 통계는 다소 의문이 있는 수치이다. 또한 2011년도의 소각 처리량과 퇴비화 처리량이 동일한 수치를 나타내고, 그 이전의 퇴비화 시설 용량이 점차 감소추세에 있고, 2010년도의 퇴비화 처리량이 180.8만톤인 것을 감안하면 2011년도의 퇴비화 처리량은 180만톤 이하의 값일 것으로 추정된다. 따라서 2011년도 통계자료에서 퇴비화 처리량은 잘못된 숫자가 입력된 것으로 판단된다. 2013년 무해화 처리된 생활폐기물 양을 기준으로 하였을 때 매립방식의 처리가 68.2%(2012년 72.6%), 소각 방식이 30.1%(2012년 25.7%)로 처리되었으며, 소각처리가 점차 증가하고, 매립은 감소하고 있는 추세이다.

중국 통계자료에서 무해화 처리(无害化 处理)라는 표현을 볼 수 있는데, 이는 일정한 시설기준 및 운영기준을 만족하는 시설에서 처리된 것을 말하며, 비위생적으로 처리되는 폐기물의 양은 무해화 처리량 통계에 포함되지 않고 있다.

각 처리시설별로 시설의 수와 평균 시설 규모를 살펴보면 생활폐기물 소각시설은 2013년 말 현재 166개소이며, 전년에 비하여 28개소가 증가하였으며, 평균 처리시설 용량은 955톤/일이다. 2011년의 평균 소각시설 용량이 863톤/일이었음을 감안할 때 새로 설치된 소각시설은 용량이 더욱 커지고 있는 추세임을 알 수 있다.

생활폐기물 매립시설은 2013년 말 현재 580개소로 2011년에 비하여 33개소가 증가하였다. 2012년에는 위생매립장 수가 일시적으로 감소하였으나, 2013년에 다시 증가한 것은 위생매립장의 건설에 따른 결과로 보이며, 하지만 NIMBY 현상에 의해 새로운 매립시설을 확보하기가 쉽지 않고, 점차 소각비율이 높아지는 추세를 감안하면 매립시설의 숫자가 획기적으로 증가하지는 않을 것으로 추정된다.

2012년 말 기준으로 우리나라의 매립시설의 수가 288개인 것을 감안하면[4] 중국의 매립시설 숫자는 너무나 작다고 볼 수 있는데, 이는 앞서 언급한 바와 같이 일정 기준의 시설 및 운영기준을 만족하는 무해화 처리시설 만을 대상으로 한 것으로 따라서 비위생적으로 매립되는 시설의 숫자가 상당히 많을 것임을 유추할 수 있다.

蒋建国(2012)은 1999년의 도시생활폐기물 처리율이 63%이었고, 2010년에도 22.1%의 도시생활폐기물이 open dumping이나 별다른 환경오염 방지시설 없이 매립

4) 환경부, 한국환경공단, 2012 전국폐기물 발생 및 처리현황(2013)

되었다는 통계자료를 제시하였는데, 이는 중국의 생활폐기물 매립지 주변에는 하천 및 지하수 등 주변 환경을 오염시키는 현상이 무수히 많이 발생할 개연성이 있음을 나타내는 또 다른 방증이다.

한편, 중국도시환경위생협회에서 발간한 2012년도 도시생활폐기물 처리시설 무해화 등급 평가명단에는 이보다 작은 숫자의 폐기물 매립지와 소각장 명단이 소개되고 있는데, 이는 보다 엄격한 기준을 만족하는 폐기물 처리시설 만을 나열하였기 때문인 것으로 보인다. 이 목록에 따르면 폐기물 매립지는 총 173개소로 1등급이 78개, 2등급이 95개인 것으로 나타나 있으며, 폐기물 소각장은 총 54개이며, 총시설용량은 48,243톤/일으로 전체 생활폐기물 소각용량의 39% 수준으로 아직 상당한 부분이 기준에 미흡한 것으로 판단된다. 무해화 등급 명단에 포함된 폐기물 소각시설 중 최대 규모는 2,050톤/일이고, 최소 규모는 200톤/일이고, 평균 시설용량은 893톤/일이었다.

<부록 6>에 2012년도 도시생활폐기물 처리시설 무해화 등급 평가명단을 첨부하였다.

3.2 중국의 생활폐기물 특성

중국의 도시고형폐기물은 미국이나 한국과 달리 아직까지 음식물 쓰레기와 벽돌 등 무기성 물질이 차지하는 비중이 큰 것이 특징이다. 하지만, 전체적인 소득 수준이 꾸준히 향상되고 있으므로 과거 우리나라의 폐기물 조성 변화 사례와 같이 앞으로 생활폐기물 조성은 급격히 변화될 것으로 전망된다. 다른 한편으로는 배출되는 폐기물 중 재활용 가능한 폐기물은 이를 수거해 가는 인력에 의해 배출 단계에서 사전에 인력 선별되므로 종이와 플라스틱류의 함유량이 작게 나타나는 것으로 보인다.

또 다른 자료에서 보고되고 있는 생활폐기물 조성분석 결과를 보면 같은 도시이어도 조사자에 따라 값의 차이가 많음을 볼 수 있다. 따라서 전체적인 생활폐기물의 성상을 판단하는 데는 신중할 필요가 있으며, 어디서 조사된 자료인지를 파악할 필요가 있으며, 폐기물 성상 조사 목적에 따라 시료 채취 장소가 결정되어야 할 것으로 보인다.

〈표 3.2〉 중국 주요 도시의 생활폐기물 조성(단위 : %)

도시	유기물					무기물			
	종이	비닐/고무	섬유질	목재	음식물 폐기물	금속	유리	벽돌	기타
상해	8.00	12.00	2.80	0.89	70.00	0.12	4.00	2.19	-
북경	18.18	10.35	3.56	0.70	36.00	2.96	13.02	10.93	1.30
남경	4.90	11.20	1.18	1.08	52.00	1.28	4.09	20.64	3.63
광주	4.80	14.10	3.60	2.80	63.00	3.90	4.00	3.80	-
심천	7.91	13.70	2.80	5.18	58.00	1.20	3.20	8.00	-

※ 자료출처 : 김영미, 중국 지역별 폐기물 처리비용 산정 및 비용절감 방안에 관한 연구 : 거리함수 접근법, 인하대학교 대학원 석사학위논문 (2009)

〈표 3.3〉 중국 남부지역의 생활폐기물 조성 성분(단위 : %)

도시	음식물쓰레기	종이류	플라스틱류	금속	유리	기타
上海(상해)	42.2	1.8	0.6	1.1	0	54.3
绍兴(소흥)	63.8	6.7	6.6	1.1	2.5	19.3
深圳(심천)	56.4	12.9	11.2	0	0	19.5
宁波(영파)	47.5	8.3	15.5	0.1	3.9	24.7
苏州(소주)	58.3	7.9	7.2	0.3	1.7	24.6

※ 자료출처 : 北京市垃圾渣土管理处, 对话生活垃圾, 中国社会出饭社(2013)
원자료의 「기타」 부분 값이 나머지 값과 합산하였을 때 100이 되지 않아 저자가 100이 되도록 수정함.

중국은 도시화가 급속히 진행되고, 생활수준이 향상됨에 따라 도시생활폐기물 발생량이 급속히 증가하고 있다. 2006년 이전까지는 평균 4.8%의 빠른 속도로 증가하였으며, 2006년 이후는 증가속도가 감소하여 평균 1.5% 내외를 유지하고 있다(蒋建国, 2012).

2006년 자료에 의하면 1억 4840만톤의 도시생활폐기물이 수집되어 처분된 것으로 보고되었다. 이 값에는 비공식적인 재활용 폐기물 수거량은 포함되어 있지 않은데 총 폐기물 발생량의 8～10% 수준일 것으로 추정한 연구자가 있다(Chen, Geng 등, 2010).

1990년대 후반까지는 도시의 인구와 GDP가 함께 도시생활폐기물의 발생량 증가에 기여한 것으로 조사되었으나, 이후는 GDP 증가가 폐기물 발생량 증가에 기여하지 않는 것으로 조사되었다. 이는 GDP 증가가 폐기물의 조성은 변화시켰으나, 이와 동시에 가정에서 난방과 취사용으로 사용하던 석탄이 가스와 지역난방으로 바뀐데 기인하고 있다(Chen, Geng 등, 2010).

폐기물 조성은 도시별로 차이가 큰데 이는 기후, 문화, 생활수준, 식생활 습관 등이 다름에 기인한다.

〈표 3.4〉 중국의 취사용 가스 공급율과 지역난방 면적 변화 추이

	1990	1995	2000	2005
취사용 가스 공급율(%)	19.1	34.3	45.4	82.1
지역난방 공급 면적(1억m^2)	2.1	6.5	11.1	25.2

자료출처 : Chen, X., Geng, Y., and Fujita, T., "An overview of municipal solid waste management in China", Waste Management, Vol. 30, pp. 716-724 (2010)

중국은 나라의 크기가 방대하여 전국에 대한 폐기물 발생 현황을 집계하는 것이 용이하지도 않고, 그 기후, 소득, 생활수준의 차이에 따른 편차가 클 수 있으므로, 성(省) 단위로 폐기물 발생 현황을 개별적으로 조사할 필요가 있다.

3.3 베이징시의 폐기물 발생 및 처리현황

3.3.1 베이징시 개관

베이징시의 각 구별 현황은 <표 3.5>와 <그림 3.1>과 같다.

인구밀도로 보았을 때, 시내중심부가 가장 높고, 다음으로 1차 외곽부가 높은 것을 볼 수 있으며, 인구수로는 1차 외곽부가 가장 높고, 다음으로 2차 외곽부가 높다. 반면, 면적은 농촌 지역이 가장 넓으며, 2차 외곽부가 그 다음으로 높고, 시내 중심부는 가장 작아서 인구 비중은 11%를 차지하나, 면적은 0.5%에 불과함을 알 수 있다.

〈표 3.5〉 베이징시의 행정구역과 인구, 면적 현황

구분	행 정 구 역	인구(인) 2010 센서스 기준	면적 (km^2)	인구밀도 (인/km^2)
시내중심부 (구 시가지)	Dongcheng District(东城区 : DōngchéngQū)	919,000	40.6	22,635
	Xicheng District(西城区 : XīchéngQū)	1,243,000	46.5	26,731
1차 외곽부	Chaoyang District(朝阳区 : CháoyángQū)	3,545,000	470.8	7,530
	Haidian District(海淀区 : HǎidiànQū)	3,281,000	426	7,702
	Fengtai District(丰台区 : FēngtáiQū)	2,112,000	304.2	6,943
	Shijingshan District(石景山区 : ShíjǐngshānQū)	616,000	89.8	6,860
2차 외곽부	Mentougou District(门头沟区 : MéntóugōuQū)	290,000	1,331.3	218
	Fangshan District(房山区 : FángshānQū)	945,000	1,866.7	506
	Tongzhou District(通州区 : TōngzhōuQū)	1,184,000	870	1,361
	Shunyi District(顺义区 : ShùnyìQū)	877,000	980	895
	Changping District(昌平区 : ChāngpíngQū)	1,661,000	1,430	1,162
	Daxing District(大兴区 : DàxīngQū)	1,365,000	1,012	1,349
농촌지역	Pinggu District(平谷区 : PínggǔQū)	416,000	1,075	387
	Huairou District(怀柔区 : HuáiróuQū)	373,000	2,557.3	146
	Miyun County(密云县 : MìyúnXiàn)	468,000	2,335.6	200
	Yanqing County(延庆县 : YánqìngXiàn)	317,000	1,980	160

※ 자료출처 : Wikipedia (http://en.wikipedia.org)

〈그림 3.1〉
베이징시 행정구역도

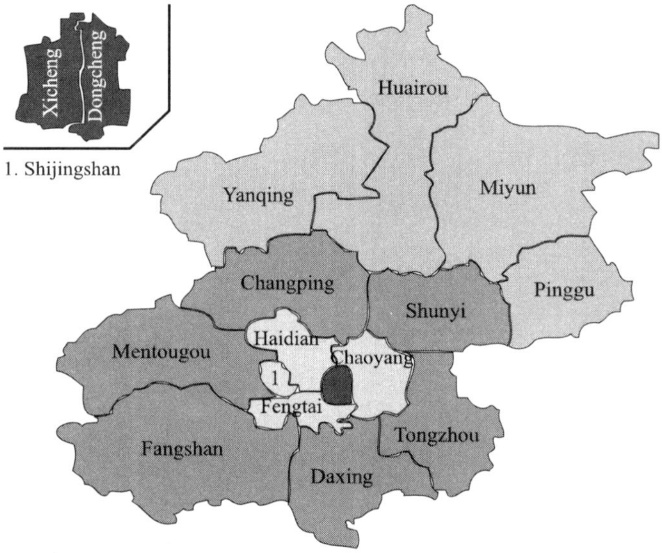

■ City centre (older part of urban Beijing)

※ 자료출처 : Wikipedia (http://en.wikipedia.org)

3.3.2 생활폐기물 발생 및 처리현황

2013년 베이징시 생활폐기물 발생량은 671만톤/년이며, 이를 1일 발생량으로 환산하면 18,000톤이 발생하는 것으로 보고되고 있다.

한편, 이를 처리하기 위한 2013년 말 현재 베이징시의 생활폐기물 처리시설 설치현황은 <표 3.6>과 같다.

〈표 3.6〉 베이징시 생활폐기물 처리시설 설치현황(2013년 말 현재)

번호	구분	시 설 명	처리 구역	시설용량(톤/일)
1	적환장	북경환위집단(北京环卫集团) Xiawuji(小武基) 폐기물 적환장	동성구, 조양구 일부분	2000
2	적환장	북경환위집단 Majialou(马家楼) 폐기물 적환장	서성구, 풍대구(丰台区)	2000
3	적환장	북경환위집단 Datun(大屯) 폐기물 적환장	동성구, 서성구	1500
4	적환장	풍대구 폐기물 적환센터	풍대구(丰台区)	2000
5	적환장	석경산구 폐기물 적환장	석경산구(石景山区)	500
6	적환장	해전구 Wuluju(五路居) 폐기물 적환장	해전구(海淀区)	1500
7	적환장	문두구구 Putaozui(葡萄嘴) 적환장	문두구구(门头沟区)	400
8	적환장	방산구 Chengguan(城关) 적환장	방산구(房山区)	200
9	적환장	통주구 폐기물 적환장	통주구(通州区)	800
10	매립지	북경환위집단(北京环卫集团) Shenshu(神树) 폐기물 위생매립장	동성구, 조양구, 대흥구	980
11	매립지	북경환위집단(北京环卫集团) Anding(安定) 폐기물 위생매립장	동성구, 서성구, 조양구, 대흥구, 풍대구	1400
12	매립지	북경환위집단(北京环卫集团) Asuwei(阿苏卫) 폐기물 위생매립장	동성구, 서성구, 창평구, 조양구	2000
13	매립지	조양구 Gaoantun(高安屯) 폐기물 위생매립장	조양구	1000
14	매립지	풍대구 Yonghezhuang(永合庄) 폐기물 위생매립장	풍대구	2000
15	매립지	해전구 Liulitun(六里屯) 폐기물 위생매립장	해전구	1500
16	매립지	문두구구 Jiaojiapo(焦家坡) 폐기물 위생매립장	문두구구, 석경산구	600
17	매립지	문두구구 Zhaitang(斋堂) 폐기물 위생매립장	문두구구	100
18	매립지	방산구 Banbidian(半壁店) 폐기물 위생매립장	방산구	200

19	매립지	방산구 Tiangezhuang(田各庄) 폐기물 위생매립장	방산구	300
20	매립지	통주구 Xitianyang(西田阳) 폐기물 위생매립장	통주구	800
21	매립지	평곡구 Yukou(峪口) 폐기물 위생매립장	평곡구(平谷区)	400
22	매립지	회유구 위생매립장	회유구(怀柔区)	400
23	매립지	밀운현 Binyang(滨阳) 폐기물 위생매립장	밀운현(密云县)	300
24	매립지	연경현 Xiaozhangkou(小张口) 폐기물 위생매립장	연경현(延庆县)	150
25	매립지	연경현 Yongning(永宁) 폐기물 위생매립장	연경현(延庆县)	150
26	소각장	조양구 Gaoantun(高安屯) 폐기물 소각장	조양구	1600
27	종합처리장	순의구 폐기물 종합처리장	순의구(顺义区)	600
28	종합처리장	평곡구 폐기물 종합처리장	평곡구	600
29	퇴비화	북경환위집단 Nangong(南宫) 퇴비화 처리장	동성구, 서성구, 조양구, 대흥구, 풍대구	600
30	종합처리장	Asuwei(阿苏卫) 폐기물 종합처리장	동성구, 서성구, 창평구	1600
31	종합처리장	방산구 Yanshan(燕山) 폐기물 종합처리장	방산구	250
32	종합처리장	회유구 폐기물 종합처리장	회유구	200
33	소각장	Lujiashan(鲁家山) 폐기물 소각장(건설 중)	동성구, 서성구, 문두구구, 석경산구	3000
34	소각장	Asuwei(阿苏卫) 폐기물 소각장(계획 중)	동성구, 서성구	
35	소각장	Nangong(南宫) 폐기물 소각장(계획 중)	서성구, 대흥구, 풍대구, 방산구 일부	
36	소각장	해전구 폐기물 소각장(계획 중)	해전구	
37	종합처리장	풍대구 폐기물 종합처리장(계획 중)	풍대구	

※ 자료출처 : 北京市垃圾渣土管理处, 对话生活垃圾, 中国社会出饭社(2013)

3.3.3 생활폐기물 처리 관련 청소행정 담당자 면담 내용[5)]

- 구(区)마다 쓰레기 수거회사가 1개씩 있다(국유기업).
- 2013년 베이징시 생활폐기물 발생량 : 671만톤/년(18,000톤/일)
  - 고물상 수거량은 포함 안 된 수치(500만톤/년 추정)
- 37개 폐기물 처리장이 있다.
  - 소각시설 4개
  - 퇴비화 시설 6개 - 가정배출 음식물 쓰레기 처리 대상
  - 매립장 16개
  - 적환장 9개
  - 음식물 쓰레기 처리장 2개 - 식당, 호텔 배출 음식물 처리
- 5년 전까지는 매립 위주였으나 현재는 소각 위주이다(28% 수준).
- 2015년까지 10개 소각장 건설 예정(총 14개가 됨), 소각율 40% 이상 도달 목표
- 2013년에 청소행정 관련 3개년 행정방안 발표
  - 2015년까지 43개 폐기물 처리시설, 적환장 추가건설 예정
  - 2010~2015(6년간) 350억 위안 투자(43개 시설 건설, 시 혹은 구 소관)
- 예전에는 폐기물 처리시설을 정부투자로 하였으나, 현재는 사회, 민영기업이 투자하는 추세이다.
- 시내 중심지인 동성구, 서성구의 경우 폐기물 처리시설을 설치할 공간이 없으므로 시급(市級) 처리장을 설치하여 운영하고 있다.
- 이전에는 시에서 폐기물 처리업무를 직접 담당하였으나, 점차 구로 권한을 이관하고 있으며, 구에서 못하면 시에서 담당한다.
- 도시 중심지이고, 면적이 좁은 동성구, 서성구는 앞으로도 폐기물 처리는 시가 관리예정이다.
- 폐기물 처리시설 중 9개는 시가 관리하고(민간운영회사 : 북경환위그룹, 北京环卫集团), 26개는 구가 관리하고 있다. 선별장은 37개 처리장에 속하지 않는다.
- 폐기물 처리시설에 대한 시의 보조금 예
  - 조양구 : 50%
  - 외곽지역 : 90%

5) 2014년 3월 25일 베이징시 청소행정 담당자 개인 면담 내용

- 시 관리 11개 시설
  - 적환장 3개
  - 퇴비화 시설 2개
  - 음식물 처리시설 2개
  - 소각시설 1개
  - 매립장 3개
- 2005년부터 폐기물 처리에 민간기업을 끌어들이고 있다.
- 가구당 매년 30위안의 청소수거비를 받고 있으나, 지자체의 수입이 아니고, 아파트 관리사무소 등에서 청소수거 관리비로 사용하고 있다.
- 옛날 집 등은 강제적으로 청소수거비를 걷지는 못하고 있다.
- 2014년부터 주민, 비주민(정부기관, 기업, 학교, 부대시설)으로 나누고, 상가는 1톤에 300 위안을 받기 시작했다(폐기물 처리비용 확보 및 폐기물 발생량 저감 목적, 상가가 주민보다는 청소수수료 수거가 쉬우므로).
- 1톤에 300 위안을 받으면 이 비용은 폐기물 수거 및 처리에 충분하다고 한다.
- 폐기물 소각시설 톤당 건설비 : 70만 위안(베이징), 중국 평균은 50만 위안/톤
- 생활폐기물 운송비 : 150위안/톤
- 폐기물 소각시설 운영비용 중 50～60%는 전기판매액으로 충당되고, 나머지 40%는 정부 지원
- 생활폐기물의 종류
  - 재활용(효과가 좋지 않아, 음식물, 기타의 2원 분리 예정)
  - 음식물
  - 일반쓰레기
- 의료폐기물은 위험폐기물로 분류되어 전문 소각장 2개에서 처리한다. 환경보호국에서 관리
- 건설폐기물 : 3,500만톤/년
- 폐기물 관리 주체
  - 생활, 건축폐기물 : 시정시용관리위원회
  - 의료폐기물 : 환경보호국
  - 재활용폐기물 : 상무위원회
- 재활용 폐기물은 90%가 이미 회수된 상태로 반입되며, 10% 정도가 선별장에서 처리된다.

■ 베이징시에서 발생하는 폐기물을 소각하지 않고, 전량 매립하는 경우 연간 필요로 하는 토지면적은 500무(30만 m^2)라고 한다. 소각처리를 하면 소요토지면적이 30%로 감소한다.

■ 앞으로 순환형 매립지도 고려하고 있다.

■ 베이징시 차오양구 소재 Xiaowuji(小武基) 대규모 고형폐기물 선별적환장 시설에서의 물질흐름

- 재활용량 : 1%
- 소각 : 40～45%
- 퇴비화 : 45～50%
- 매립 : 10～15%

■ 주택발생 음식물 쓰레기는 주로 야채를 다듬은 것들 위주이므로 나트륨 함량이 낮다.

■ 호텔 발생 음식물 쓰레기는 비료로 사용된다(공원 등의 토지개량제).

※ 추가 참고자료

(생활폐기물 처리 지식 문답 시리즈, 베이징시 시정시용관리위원회 편)

- 베이징시 폐기물 처리 관리 관련 법률적 근거

  중화인민공화국 고형폐기물 환경오염방지법

  중화인민공화국 순환경제촉진법

  베이징시 시용(市容)환경위생조례

  생활폐기물 처리작업 전면 추진에 관한 의견(京发 [2009] 14号)

3.3.4 생활폐기물의 수집

생활폐기물의 수집은 대규모 아파트 단지의 경우 우리나라와 같이 압축 수거차량이 와서 직접 수거하고 있으며, 다세대 주거지역이나 기존 주거지역은 평균 3 km^2 면적당 1개 수준으로 생활폐기물 수집 장소(清洁站)가 설치되어 있으며, 이곳으로 손수레 및 소규모 전동 수레를 이용하여 수집한 생활폐기물을 가져와서 컨테이너에 압축한 후 이를 생활폐기물 적환장으로 운반하는 시스템이 이용되고 있다.

다음에 생활폐기물의 수거 과정과 관련한 사진을 소개하였다.

베이징시의 생활폐기물 중간 수집장소 1

베이징시의 생활폐기물 중간 수집장소 2

베이징시의 각종 생활폐기물 수거장비

베이징시의 각종 생활폐기물 수거장비와 압축차량

※ 주택 지역에서의 생활폐기물 수거는 손수레, 자전거, 오토바이 등 다양한 수거방법이 이용되고 있으며, 중간 수집장소(清洁站)에서 압축하여 수거차량으로 폐기물 적환장으로 수송되고 있다.

생활폐기물 수거통에 수집된 베이징시 생활폐기물 외관

※ 손수레에 수거된 생활폐기물 수거통에는 다수의 음식물 쓰레기가 포함되어 있으나, 우리나라에서와 같은 조리된 음식물 쓰레기에서 발생하는 악취는 심하게 나지 않는 편이다.

음식물 쓰레기 수거통에 수집된 베이징시 생활폐기물 외관

※ 음식물 쓰레기 수거통에는 플라스틱 등 다수의 불순물이 포함되어 있어 실제적인 분리수거가 제대로 되지 못하고 있다.

3.3.5 재활용 폐기물의 수집

생활폐기물 중에서 재활용 폐기물은 폐기물 수거통에 들어있는 플라스틱 등 재활용 가능한 폐기물을 수거하는 사람들이 많아서 재활용률이 높은 실정이다. 베이징시의 경우 연간 500만톤의 재활용폐기물이 수거되는 것으로 통계되고 있다. 재활용폐기물의 관리는 생활폐기물의 수집 및 처리를 담당하는 베이징시 시정시용관리위원회가 아닌 상무위원회에서 담당하고 있다.

재활용 폐기물은 개인이나 고물상에 의해 수집되거나, 아파트 같은 수집장소에서 직접 수집되어서 각 구별로 설치된 재생자원회수시설에서 수요처로 공급되고 있다,

따라서 수집된 생활폐기물에는 실제적으로 재활용 가치가 높은 폐기물은 거의 포함되어 있지 않는 상태이므로 폐기물 적환장에서 선별장치를 가동하여도 재활용 가능한 폐기물은 10% 미만이라고 한다. 재활용 폐기물로 분류하는 품목으로는 금속, 플라스틱, 종이류 등이다.

유리병류는 아마 별도의 수거체계로 재활용하는 것으로 보인다.

베이징시에는 각 구 별로 1～2개의 재생자원회수시설이 있으며, 이는 베이징시 상무위원회의 승인을 받아서 운영되고 있으며, 한 달에 한 번씩 통계자료가 해당 구로 보고되고, 이것을 시에서 집계하고 있다.

재생자원 회수시설에서는 중간 유통과정에서 이미 폐기물 성분은 중간처리되어서 발생하는 폐기물은 거의 없다고 하였으며, 육안으로 관찰한 결과도 비교적 성상이 양호한 편이었다.

재활용 폐기물을 수거하는 모습

현장 방문한 풍대구(丰台区) 소재의 「베이징시 Huajingyuan(华京源) 재생자원회수시장」은 산하에 96개의 재생자원 수집상이 있으며, 개별 수집상의 평균 면적은 220 m^2라고 한다.

주된 거래 품목은 금속 스크랩, 폐플라스틱, 폐종이류이며, 연간 거래량은 40만톤, 거래금액은 35억 위안(6,300억 원)이라고 한다[6].

베이징시의 각 구(区)와 현(县)에는 현재 20개의 재생자원 회수 기업이 있으며, 시 전역에 3,600여개의 재생자원 회수 수집장소가 설치되어 폐지류, 플라스틱류, 유리, 금속, 전자폐기물, 직물류 등을 회수하고 있다[7].

한편, 재활용품 회수와 관련된 인터넷 사이트도 운영되고 있는데 北京废品旧货网(http://www.bj3r.com), 北京天天洁回收网(http://www.ttjie.com) 등이 대표적이다.

2014년 5월 현재 北京废品旧货网에서 제시하고 있는 폐품 가격을 참고적으로 아래에 나타내었다. 수집하는 항목을 보면 주로 어떤 것들이 회수되고 있으며, 수거 가격으로부터 회수의 용이도 정도를 개략적으로 추정해 볼 수 있다.

---

6) 베이징시 Huajingyuan(华京源) 재생자원회수시장유한공사 소개 자료

7) 北京市垃圾渣土管理处, 对话生活垃圾, 中国社会出饭社(2013)

품목	가격	품목	가격
폐강(废钢)	1.5위안/kg	폐유리	0.08위안/kg
폐철(废铁)	1.3위안/kg	맥주병	0.05위안/개
폐양철판	0.7위안/kg	폐 텔레비전(CRT)	20~90위안/대
폐 알루미늄	4위안/kg	폐 텔레비전(액정TV)	55~65위안/대
폐 알루미늄 합금	6위안/kg	폐냉장고(단문)	55위안/대
금속캔	0.1위안/개	폐냉장고(양문)	65위안/대
폐 순동	20위안/kg	폐 세탁기	85위안/대
폐 황동	10위안/kg	폐 컴퓨터(데스크톱)	60위안/대
폐신문지	0.8위안/kg	폐 컴퓨터(노트북)	20위안/대
헌 책	0.7위안/kg	폐 CRT 모니터	20~40위안/대
폐 판지	0.4위안/kg	폐 액정 모니터	15위안/대
폐플라스틱	0.8위안/kg	폐기 에어컨(창문형)	60위안/대
폐식용유통(5 L)	0.3위안/개	폐기 에어컨(벽걸이형, 실외기 포함)	150위안/대
생수병 600 mL	0.05위안/개	폐기 에어컨(스탠드형, 실외기 포함)	300위안/대

베이징시
Huajingyuan(华京源)
재생자원회수시장

3.3.6 생활폐기물의 처리

생활폐기물 중간수집장소에서 수집된 폐기물은 적환장으로 보내져서 선별한 후 소각시설, 퇴비화 처리시설, 매립장 등으로 보내져서 처리된다.

아래 사진은 베이징시 조양구에 소재하는 Xiaowuji(小武基) 대규모 폐기물 분류선별 적환장과 Gaoantun(高安屯) 폐기물 소각시설과 매립장에 관한 것이다.

베이징시
Xiaowuji (小武基)
대규모 폐기물
분류선별 적환장

베이징시 조양구 소재 Gaoantun (高安屯) 폐기물 소각시설

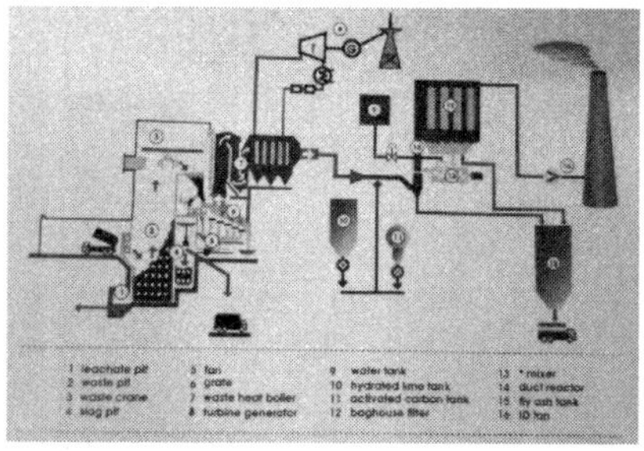

베이징시 조양구 소재 Gaoantun(高安屯) 폐기물 매립장

베이징시 조양구 소재 Gaoantun(高安屯) 음식물 폐기물 처리시설

3.3.7 베이징시 아수웨이(阿苏卫) 생활폐기물 위생매립지

베이징시 창평구에 소재하는 아수웨이 생활폐기물 위생매립지는 1994년 12월에 정식으로 개설되었으며, 설계처리용량은 2,000톤/일, 총투자금액 29,100만 위안(약 540억원), 설계사용수명 18년, 전체부지면적 604,000 m^2, 매립부지면적이 428,000 m^2 다[8].

2014년 현재, 1일 매립량은 3,500톤이며, 4단까지 매립을 계획하고 있으며, 현재 3단까지 매립이 된 상태이다. 우리나라와 달리 1단의 높이가 10 m로 높게 관리하고 있다.

침출수 발생량은 600 m^3/일으로 매립지 규모에 비해서는 발생량이 작은데, 이는 베이징의 강수량이 작은데 기인하는 것으로 보인다. 침출수 처리는 혐기성 소화 → BMR (Bioreactor Membrane) 시스템에 의한 호기성 처리 → 역삼투막 처리 등의 공정으로 처리하고 있으며, 처리수는 매립지 내 조경수로 활용하고 있다. 강수량이 작은 베이징의 기후 특성상 침출수 처리수를 이용하여 인력으로 매립이 완료된 사면에 조경수를 뿌려주는 모습이 인상적이었다.

발생하는 매립지 가스는 발전을 하고 있으며, 외국기업인 Veolia가 운영하고 있다. 4대의 엔진이 운전되고 있었으며, 총 발전용량은 4.8 MW이라고 한다. 운전 엔지니어에 의하면 중국의 폐기물 매립지는 유럽이나 미국과 달리 폐기물 매립지 밀도가 1.3 ~1.45톤/ m^3로 높고, 음식물 쓰레기에 의해서 수분함량이 많아서 매립가스 추출에는 불리한 상황이라고 한다. 즉, 양수하지 않으면 LFG 추출용 수직관으로 침출수가 나오며, 6개월이 경과하면 수직관에서 가스추출이 곤란해진다고 한다. 한편, LFG 연소 후에는 배기가스에 대한 처리의무는 없다고 한다.

미세먼지 문제 때문에 베이징에서는 매립가스 발전설비에도 탈황설비가 의무적으로 설치되어야 한다고 하며, 이 때문에 비록 설치 효율이 높지 않다고 해도 FeO_3 충전탑을 설치하여 탈황에 이용하고 있었다.

매립작업은 토사와 같은 일일복토재를 사용하지 않고, 매립종료 후 플라스틱막을 임시로 설치하였다가 다음날 회수하는 방식을 적용하여 매립용량을 극대화하는 방법을 취하고 있었다(베이징, 상하이 등 일부 대규모 도시지역에서만 적용되는 방식이라

8) 자료출처 : 베이징시 시정시용관리위원회 홈페이지
http://www.bjmac.gov.cn/pub/guanwei/G/G14/G14_2/200801/t20080109_7793.html

고 함). 따라서 매립지 내 토사 함량이 작은 편이어서 매립지 내부의 토지의 안정성은 낮은 편이었고, 음식물 폐기물이 많이 포함된 관계로 매립지 표면에서 침출수의 누출이 발생하고 있었다.

매립지 사면에는 전선이 연결되어 매립지 내부에 진입도로를 따라서 가로등이 설치되어 있는 점도 특징적이었다.

매립지 복토작업과 비산먼지 방지를 위한 살수작업, 악취 발생 억제를 위한 약품 살포 등 전반적으로 매립지 관리상태는 양호한 수준이었다.

본 매립지는 북경환위집단(北京环卫集团)이 운영하고 있다.

아래에서는 아수웨이 매립지의 매립작업 관련 사진을 소개하였다.

매립지 전경

침출수 처리계통도

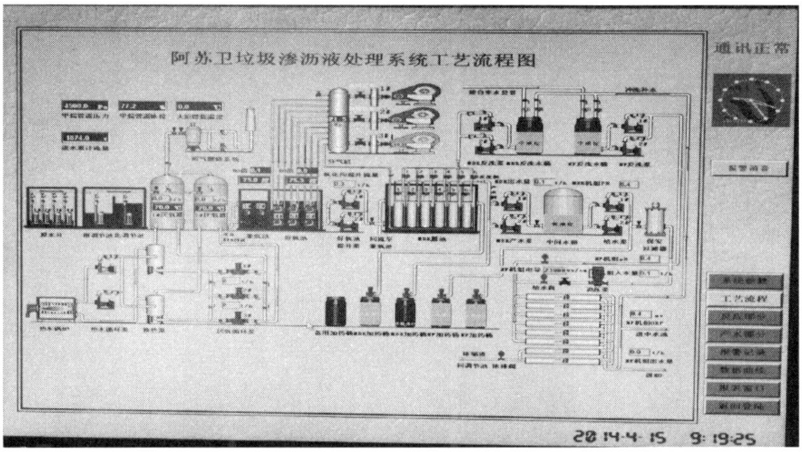

처리단계별
침출수 처리 수질

매립가스 발전시설

침출수 처리수를
활용한 매립지 사면
조경수 살포

매립지 가스 포집관

매립지 가스 포집관

폐기물 운반차량

매립작업

복토작업

일일복토작업

일일복토작업

매립지 표면에서 매립 가스와 함께 분출되는 침출수

악취저감약품 살포차량

비산방지용 살수차량

3.4 상하이시의 폐기물 발생 및 처리현황

3.4.1 상하이시 개관

상하이(上海)시는 직할시로서 중국의 경제 및 금융 중심도시이다. 상하이의 주요 현황은 아래와 같다[9].

- 행정구역 : 16구(区) 1현(县)
- 면적 : 6,340 km^2
- 인구 : 2500만명(2013년)
- 기후 : 아열대 계절풍 기후
- 평균기온 : 17.6℃
- 강수량 : 1173.4mm(우기 5～9월)

---

9) 자료출처 : Baidu 百科, http://baike.baidu.com/view/1735.htm?fr=aladdin&fromtitle=%E4%B8%8A%E6%B5%B7%E5%B8%82&fromid=127743&type=syn

〈표 3.7〉 상하이시의 평균기온과 강수량

월	1	2	3	4	5	6	7	8	9	10	11	12
평균기온(℃)	4.2	6.9	9.4	14.9	20.6	24.4	27.9	27.1	24.4	17.6	12.2	7.3
강수량(mm)	42	64	90	112	117	153	138	119	141	102	88	71

3.4.2 생활폐기물 발생 및 처리현황

2013년 상하이시 생활폐기물 발생량은 735만톤/년이며[10], 이를 1일 발생량으로 환산하면 20,000톤/일이다. 1인 1일 생활폐기물 발생량은 0.8 kg으로, 전국 평균치인 0.35 kg과 비교하면 높은 수준으로, 우리나라의 2013년도 1인당 1일 생활폐기물 발생량 0.94 kg에 근접한 수치를 보이고 있다.

상하이시의 주요 생활폐기물 처리·처분 시설은 ＜표 3.8＞과 같다.

현재 라오강 고형폐기물 종합이용기지(老港固废综合利用基地)에서 상하이시에서 발생하는 생활폐기물의 70%를 처리하고 있다.

〈표 3.8〉 상하이시의 주요 생활폐기물 처리·처분 시설

시설명	위치	규모	가동년도	투자비
위챠오 소각장 (御桥焚烧厂)	浦东新区 北蔡镇	1,000톤/일	2001년	6.98억 위안
쟝챠오 소각장 (江桥焚烧厂)	嘉定区 江桥镇	1,500톤/일	2003년	
메이샹 생물처리장 (美商生化厂)	浦东新区	1,000톤/일	2003년	2.6억 위안
라오강 위생매립장 (老港四期卫生填埋场)	浦东新区 老港镇	8,000만톤	2005년	
라오강 소각장 (老港焚烧厂)	浦东新区 老港镇	3,000톤/일 (750톤/일, 4기)	2014년	14.7억 위안

10) 자료출처 : 2014上海统计年鉴, http://www.stats-sh.gov.cn/data/toTjnj.xhtml?y=2014

3.4.3 라오강 고형폐기물 종합처리장

상하이시 푸동신구(浦东新区) 라오강진(老港镇) 폐기물 종합처리장은 폐기물 매립지와 소각시설, 폐기물 수상운송 하역장 등으로 구성되어 있다. 총 계획면적은 29.5 km^2이며, 처리・처분 단지의 면적이 약 15.3 km^2, 주변 완충지역의 면적이 14.2 km^2이다. 즉, 단지의 북, 서 남쪽은 각 1 km씩 완충부지를 확보하고 있다.

2003년 기상자료에 의하면 라오강 지구의 연 평균기온은 15.5℃, 최고기온 38.5℃, 최저기온이 1.3℃이며, 연 강수량은 1267.1 mm로 우리나라의 강수량과 유사한 수준이다.

1) 라오강 생활폐기물 매립지

생활폐기물 매립지는 1985년에 건설을 개시하여 1989년에 운영을 시작하였으며, 1～3단계 매립지는 사용종료되었으며, 2005년부터 4단계 매립지가 사용 중에 있으며, 5단계 매립지가 건설 중에 있다[11].

① 1～3단계 매립지

- 1989년부터 매립을 시작하여 2003년 말까지 3,000만톤을 매립하였다.
- 3단계 매립지까지는 당초 엄격한 차수시설이 설치되지 않았으며, 현재는 수직차단벽을 설치하고 상부에 우수침투를 방지하는 최종복토층이 설치되었다.
- 2007년에 라오강 매립지 3단계 구역에 대한 최종복토 및 사후관리가 시작되었다. 사용종료된 매립지는 향후 생태공원을 조성하고, 풍력발전설비를 건설할 예정이라고 한다.
- 침출수 발생량은 3,200 m^3/일로 그 중 2,100톤은 UASB와 SBR 공법 처리 후 난후이 하수처리장(南汇污水处理厂)으로 들어가고, 1,400톤은 침출수 운반선으로 바이롱강 하수처리장(白龙港污水处理厂)에서 처리한다.

② 4단계 매립지

- 4단계 매립지는 매립용량 8,000만톤, 매립지 면적 3.36 km^2이며(길이 4,200 m, 폭 800 m), 2005년부터 사용을 시작하였다.

11) 자료출처 : 上海老港垃圾综合处理场, http://www.greening-china.com/CaseCenter/show.php?itemid=50

- 매립지 톤당 조성비는 58～70위안(10,000～12,000원)이었다.
- 중국 최대 규모의 간척형 매립지이다.
- 2009년에 4단계 매립지의 실제 매립량은 8,960톤/일이었다. 생쓰레기와 소각재, 건조처리한 하수슬러지 등을 매립하고 있다.
- 침출수 처리장 용량은 3,200 m^3/일(소각시설에서 발생한 탈리액을 처리하는 1,600 m^3/일 용량의 UBF를 거친 후, 침출수를 포함한 3,200 m^3/일 용량의 MBR시설이 주처리 공정이다)
- 2011년에 800톤/일 용량의 MBR (Membrane Bioreactor) 공법 침출수 처리장이 증축되었다. 이와 별도로 100 m^3/일의 고도처리 시설(나노여과막)이 운영 중에 있다.
- 매립고는 45 m
- 2 × 125 MW의 매립가스 발전시설 설치
- 매립지와 가장 가까운 인근 주민과의 거리는 2,000 m이다.
- 매립지 서측에는 길이 3,608 m, 폭 200～270 m의 녹지대를 조성하였으며, 북측에도 길이 3,300 m, 폭 200 m의 녹지대를 조성하였다.

2) 라오강 생활폐기물 소각시설

라오강 재생에너지 이용센터(소각시설)는 시설용량 3000톤/일의 대규모 생활폐기물 소각시설로서 부지 면적은 160,000 m^2이며, 2010년 8월에 착공하여 2013년 5월에 시운전을 개시하였으며, 2014년 5월부터 정식운전을 시작하였다.

총 투자금액은 약 14.7억 위안(2,600억원)으로 폐기물 소각시설의 톤당 건설비용은 49만 위안(0.86억원)이 소요되어 우리나라 설치비의 대략 30% 수준이며, 이는 양국의 소득격차에 따른 것으로 보인다. 베이징시 청소행정 담당자와의 면담에서 확인한 전국 평균 생활폐기물 소각시설 톤당 건설비 50만 위안에 매우 근접한 금액이다.

기타 소각시설과 관련한 주요 내용은 다음과 같다.

- 소각용량 : 750톤/일 스토커식 소각로 4기, 총 3,000톤/일
- 연간 소각량 : 100만톤
- 스팀생산 : 70.6톤/hr, 400℃, 4 MPa
- 2대의 30 MW 증기터빈 발전기가 있으며, 연간 생산전력은 3억 KWh
- 투입 피트에서 6일간 저장하면서 생활폐기물 중에 포함된 수분의 분리를 도모한다(탈리액 생산비율 22%).

3) 라오강 생활폐기물 수상운송을 위한 운하 및 부두

라오강 폐기물 단지 내에는 1,000톤급의 폐기물 수송용 선박이 양방향으로 통과할 수 있는 운하를 건설하였다. 신설한 운하의 길이는 3,778 m이며, 항로 폭은 70 m이다.

폐기물 수송 부두의 하역 용량은 6,000톤/일 규모이다.

3.4.4 라오강 폐기물 종합처리장 현장 사진

1) 라오강 생활폐기물 매립지

(왼쪽) 일일복토를 토사를 이용하지 않고 플라스틱막을 사용하고 있다.

(오른쪽) 원활한 매립작업을 위해 매립작업 구역 위로 두꺼운 철판을 깔아 그 위로 중장비가 다닐 수 있도록 하고 있다.

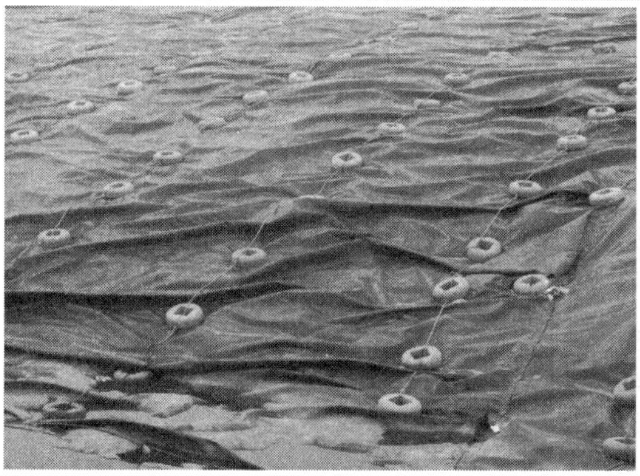

(왼쪽) 매립작업이 끝난 구역은 우수가 침투하지 못하도록 플라스틱막으로 덮여있고, 구운 블록 형태의 고정 물체를 굵은 선에 서로 연결해서 플라스틱막이 바람에 날리지 않도록 누르고 있다.

(오른쪽) MBR 공정의 침출수 처리 시설

<나노여과막을 이용한 침출수 고도처리 시설>

2) 라오강 생활폐기물 소각시설

<라오강 생활폐기물 소각시설의 조감도 및 전경사진>
(소각시설 굴뚝 옆에 위치한 큰 냉각탑이 인상적이다)

3) 라오강 생활폐기물 수상운송을 위한 운하 및 부두

<생활폐기물을 내륙운하로 운반하기 위한 하역부두>

3.5 중국의 산업폐기물 발생현황

3.5.1 중국의 일반 산업폐기물 발생현황

중국의 산업폐기물은 산업화의 진행에 따른 경제성장과 함께 비례하여 발생량이 증가한 것으로 보고되고 있다. 1990년대에 발생량이 6억톤/년을 넘어섰고, 이후 연간 10% 내외의 성장률로 발생량이 증가하여 2009년에는 20억톤/년이 발생하였다. 2012년 말에는 32.9억톤/년의 산업폐기물이 발생한 것으로 보고되어 발생량이 급격히 증가하는 추세임을 알 수 있다(2012 中国环境状况公报). 최근에는 산업폐기물의 재활용율과 처리율이 높아졌으나, 1995년 이전까지 발생된 산업폐기물 중 처리하지 않고 보관 중인 폐기물의 양이 66억톤이며, 이들이 점유하고 있는 토지면적이 약 55,000헥타르(ha)라고 보고되고 있다(蒋建国, 2012).

따라서 산업폐기물의 부적절한 처리에 의한 환경오염 우려가 많은 실정이며, 연간 100건 내외의 폐기물에 의해 야기된 환경오염 사고가 발생하고 있다고 한다.

2012년의 산업폐기물 발생량 중 광미가 11.0억톤으로 33.4%를 차지하고 있으며, 플라이애시가 4.6억톤으로 14.0%, 맥석(광석과 함께 산출되는 경제 가치가 없는 광물)이 3.7억톤으로 11.2%, 제련 슬래그가 3.5억톤으로 10.7%를 점하고 있는 것으로 보고되고 있다(2012年环境统计年报). 따라서 약 70%의 산업폐기물은 광공업 및 이와 연관된 에너지 산업에서 발생하고 있음을 알 수 있다.

광미의 생산량이 비교적 많은 성은 하북성이 2.7억톤, 요녕성이 1.1억톤, 내몽고가 0.9억톤, 강서성이 0.7억톤, 사천성이 0.7억톤의 순이며, 하북성과 요녕성 두 성이 전국 광미 발생량의 34.5%를 차지하고 있다.

플라이애시 발생량이 많은 성은 내몽고가 4316.2만톤, 산동성 4222.2만톤, 산서성 3922.6만톤, 하남성 3497.8만톤, 강소성 2902.1만톤의 순으로 5개성의 플라이애시 발생량이 전국의 40.9%를 점하고 있다.

맥석 발생량이 많은 성은 산서성 1.3억톤, 내몽고 0.5억톤, 안휘성 0.3억톤, 하남성 0.2억톤, 산동성 0.2억톤의 순으로 산서성이 전국 발생량의 35.1%를 점하고 있다.

〈그림 3.2〉
중국 각 성별 일반산업폐기물 발생 및 처리현황

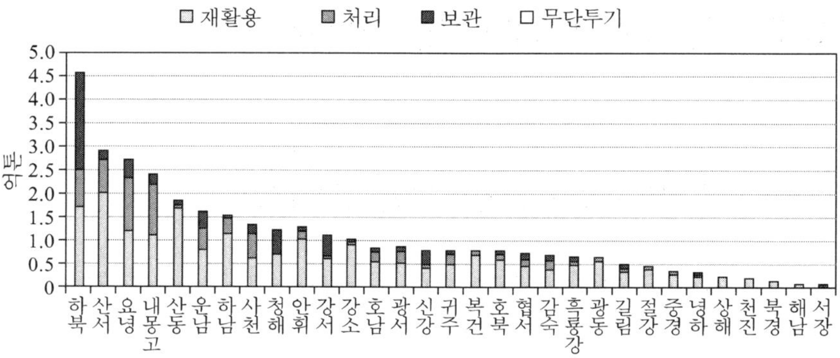

제련슬러지 발생량이 많은 성은 하북성 7125.5만톤, 산동성 3015.4만톤, 요녕성 2011.0만톤, 강소성 2593.4만톤, 산서성 2174.4만톤의 순이며, 그중 하북성의 발생량이 전국의 20.2%를 차지하고 있다.

지역별로 일반산업폐기물 발생량이 비교적 많은 곳을 나열하면 하북성이 4.6억톤으로 전국발생량의 14.0%를 차지하며, 산서성이 2.9억톤으로 전국발생량의 8.8%, 요녕성이 2.7억톤으로 전국발생량의 8.2%를 차지하며, 내몽고가 2.4억톤으로 전국발생량의 7.3%, 산동성이 1.8억톤으로 전국발생량의 5.5%를 차지하고 있다.

종합이용률이 비교적 높은 성은 산서성이 2.0억톤이며, 주로 맥석이 재활용되며, 이것이 산서성 산업폐기물 종합이용량의 50.6%를 차지한다. 하북성은 1.7억톤이 재활용되는데, 주로 제련 슬래그이며, 하북성 산업폐기물 종합이용량의 40.7%를 차지한다. 산동성은 1.7억톤이 재활용되는데, 주로 플라이애시, 제련 슬래그, 광미 등이며, 산동성 산업폐기물 종합이용량의 56.9%를 차지한다. 요녕성은 1.2억톤이 재활용되는데, 주로 광미, 제련 슬래그, 플라이애시 등이며, 요녕성 산업폐기물 종합이용량의 50.9%를 차지한다. 하남성은 1.2억톤이 재활용되며, 주로 플라이애시, 맥석과 슬래그이며, 하남성 재활용율의 65.2%를 차지한다. 이상의 5개성의 산업폐기물 종합이용량은 중국 전체의 38.6%를 차지하고 있다.

일반산업폐기물 종합이용율이 비교적 높은 성은 천진, 상해, 산동, 절강, 강소 등 5개성이며, 이들 5개성의 일반 산업폐기물 종합이용율은 90%를 넘는다.

3.5.2 중국의 위험폐기물 발생현황

1995년 이전의 중국에는 위험폐기물(유해폐기물) 발생량에 대한 통계자료가 없다.

2012년 전국의 위험폐기물 발생량은 3,465.2만톤으로 전년에 비하여 1.0%가 증가하였으며, 종합이용량은 2004.6만톤으로 전년 대비 13.1% 증가하였으며, 처리량은 698.2만톤으로 전년 대비 23.8% 감소하였으며, 보관량이 846.9만톤으로 전년 대비 2.8% 증가하였다. 무단투기되거나 손실된 양은 16.1톤이다.

발생량이 비교적 많은 위험폐기물 종류로는 폐알칼리가 752.5만톤으로 조사된 위험폐기물 발생량의 21.7%를 차지하며, 석면폐기물이 709.0만톤으로 20.5%를 차지하고, 폐산이 392.4만톤으로 11.3%를 차지한다. 비철금속 제련 폐기물이 275.5만톤으로 8.0%이며, 무기 시안폐기물이 111.5만톤으로 3.2%의 비중이며, 폐광물유가 102.4만톤으로 3.0%를 차지하고 있다.

폐알칼리 발생량이 많은 성으로는 산동 490.5만톤, 신강 107.7만톤으로 두 개 성이 전체의 79.5%를 차지하고 있다.

석면 폐기물 발생량이 많은 성으로는 청해 389.1만톤, 신강 319.4만톤으로 두 개 성이 전체의 99.9%를 차지하고 있다.

폐산 발생량이 많은 성으로는 사천 83.5만톤, 강소 50.3만톤으로 두 개 성이 전체의 34.1%를 차지하고 있다.

비철금속 제련 폐기물 발생량이 많은 성은 운남성으로 104.5만톤이며, 전국의 38.2%를 차지하고 있다.

〈그림 3.3〉 중국 각 성별 위험폐기물 발생 및 처리현황

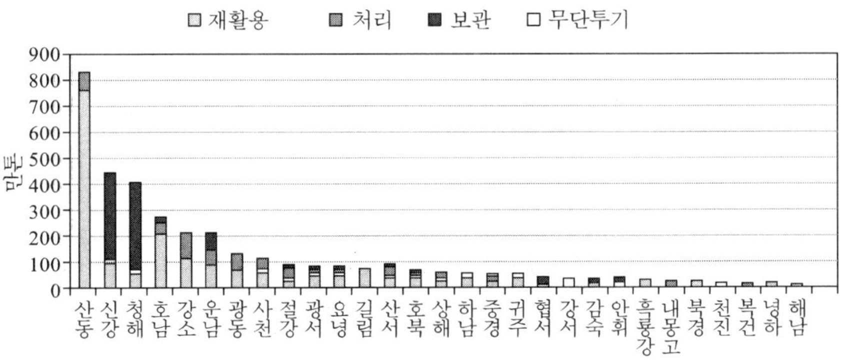

무기 시안폐기물 발생량이 많은 성은 산서성으로 81.3만톤이며, 전국의 73.0%를 차지하고 있다.

폐광물유 발생량이 많은 성은 산동 27.3만톤, 요녕 16.5만톤이며, 두 개 성이 전체의 42.8%를 차지하고 있다.

2012년 위험폐기물 발생량이 많은 성으로는 산동성이 820.3만톤으로 전체 위험폐기물 발생량의 23.7%를 차지하며, 신강이 444.2만톤으로 12.8%, 청해가 404.3만톤으로 11.7%, 호남이 267.5만톤으로 7.7%, 강소가 208.6만톤으로 6.0%, 운남이 208.0만톤으로 6.0%를 차지하고 있다.

2012년의 위험폐기물 발생량이 많은 업종으로는 제지업종이 715.1만톤(20.6%), 비철금속 채광업 712.3만톤(20.6%), 화학원료 및 화학제품 제조업 661.6만톤(19.1%), 비철금속 제조업 453.9만톤(13.1%) 등이다.

2012년 말 현재 「전국 위험폐기물 및 의료폐기물 처리시설 건설계획」에 의해 확정된 57개 위험폐기물 처리시설 중 36개가 준공되었으며, 처리용량은 143만톤/년이며, 의료폐기물 집중 처리시설 271개소 중 231개소가 준공되어 42.8만톤/년의 처리용량을 갖추고 있다(2012 中国环境状况公报).

나라별로 유해폐기물의 정의가 다르지만 단순히 각국의 발생량을 인구 및 GNP와 비교하면 <표 3.9>와 같다.

〈표 3.9〉 국가별 유해폐기물 발생량과 인구 및 GNP 당 발생량 비교

	유해폐기물 발생량 (톤/년)	1인당 발생량 (kg/인 · 년)	GDP	GDP당 발생량 (톤/$10억)
미국	35,331,398 (2009)	113	$14.38조 (2009)	2,457
중국	34,652,000 (2012)	25.6	$8.229조 (2012)	4,211
독일	22,323,151 (2008)	272	$2.9조 (2009)	7,698
영국	7,285,198 (2008)	119	$2.195조 (2009)	3,319
한국	3,463,240 (2010)	71	$1.495조 (2010)	2,317

자료출처

1) 인구 및 GDP : The World Factbook, 인구는 2012년 기준
2) 미국 : The National Biennial RCRA Hazardous Waste Report (Based on 2009 Data)
3) 독일, 영국 : Environmental Data Centre on Waste, Eurostat
http://epp.eurostat.ec.europa.eu/portal/page/portal/waste/data/wastestreams/hazardous_waste
4) 중국 : 2012年环境统计年报, http://zls.mep.gov.cn/hjtj/nb

3.5.3 베이징시의 산업폐기물 발생현황

2012년도 베이징시 환경통계연보에서 폐기물 관련 분야를 정리하면 아래와 같다.

표에서 볼 수 있는 바와 같이 베이징시 환경보호국에서는 산업폐기물만 관리함을 알 수 있으며 생활폐기물에 대해서는 통계에 함께 다루지 않고 있다. 이는 중국의 폐기물 관리가 담당하는 부처가 상이함에 따른 결과인 것으로 판단된다.

중국의 위험폐기물과 우리나라의 지정폐기물 발생량을 서로 비교하면 유해폐기물의 정의가 일치하지 않으므로 직접적인 비교는 곤란하겠으나, 베이징이 연간 134,130톤 발생하고 있으며, 우리나라 전체는 2011년 말 기준으로 3,657,767톤이 발생된 것으로 보고되고 있어 인구 기준으로 볼 때는 베이징(인구 2,069만명, 면적 16,411 km^2, 2012년 말 기준)의 유해폐기물 발생량은 우리나라(인구 5,073만명, 면적 100,210 km^2, 2011년 말 기준)에 비하여 낮은 수준임을 알 수 있다.

일반산업폐기물 발생량을 비교하면 베이징시가 1,104만톤/년이고, 우리나라는 5,036만톤/년으로 인구 대비로 하였을 때 베이징시는 연간 533.6 kg/인의 산업폐기물이 발생하고 있으며, 우리나라는 992.7 kg/인의 산업폐기물이 발생하는 것으로 계산되며 이는 베이징시가 공업 중심 도시가 아닌 것에 기인한다고 판단된다.

〈표 3.10〉 2012년도 베이징시 산업폐기물 발생 및 처리현황

항 목	단위	양
일반공업고형폐기물 발생량	만톤	1104.05
일반공업고형폐기물 재활용량	만톤	871.73
일반공업고형폐기물 처리량	만톤	219.49
일반공업고형폐기물 보관량	만톤	12.83
위험폐기물 발생량	톤	134,130
위험폐기물 재활용량	톤	44,990
위험폐기물 처리량	톤	89,130
(그 중 작년 보관 폐기물 처리량)	톤	9
위험폐기물 보관량	톤	19

※ 자료출처 : 2012年环境统计年报(2013)

중국의 고형폐기물 처리현황

4 CHAPTER

4.1 도시고형폐기물의 처리현황

통계에 따르면 2013년도 중국의 도시 생활폐기물에 대한 처리비율은 89.3%로 나타났으며 그 중 매립 처리 비율이 68.2%로 가장 높으며, 소각비율은 30.1%를 차지하고 있으며, 소각비율이 계속 높아지는 추세이다. 2013년도 통계에는 퇴비화 처리량이 없는 것으로 보고되고 있다.

〈표 4.1〉 2013년 도시생활폐기물 처리형태

항 목	통계량	항 목	통계량
생활폐기물 수집량(만톤)	17,239	생활폐기물 퇴비화 처리시설 용량(톤/日)	-
생활폐기물 처리량(만톤)	15,394.0	생활폐기물 퇴비화 처리량(만톤)	-
생활폐기물 처리율(%)	89.3	생활폐기물 퇴비화 처리시설 수(개)	-
생활폐기물 처리용량(톤/日)	492,300	생활폐기물 위생매립 용량(톤/日)	322,782
생활폐기물 소각처리시설 용량(톤/日)	158,488	생활폐기물 위생매립량(만톤)	10,492.7
생활폐기물 소각처리량(만톤)	4,633.7	생활폐기물 위생매립장 수(개)	580
생활폐기물 소각처리시설 수(개)	166		

※ 자료출처 : 중화인민공화국 국가통계국 홈페이지

2013년 현재 중국에는 580개의 생활폐기물 매립지가 있으며, 1억 493만톤의 폐기물을 반입한 것으로 보고되고 있다. 전체 생활폐기물 매립지 중에서 무해화 1급과 2급 매립지의 비율이 32%에 불과한 것을 보면 시설기준에 적합한 위생매립시설의 설치건수는 미흡한 수준인 것을 볼 수 있다. 2000년대 이후 폐기물매립지의 숫자는 감소하고 있으나, 매립능력은 유사하거나 다소 증가한 것은 점차 폐기물 매립지의 규모가 대형화되는 추세임을 보여주고 있다. 예를 들어, 상하이의 Laogang 매립지의 경우 1일 매립능력이 4000톤에 이르며, 매립지 수명은 45년을 예상하고 있다(Chen, Geng 등, 2010).

2006년 현재 중국의 폐기물 소각용량은 1일 40,000톤에 육박하고 있다. 이는 2001년도와 비교했을 때 소각용량이 6배 증가한 값이다. 2006년에 소각된 생활폐기물량은 1100만톤을 상회하며 이는 총 안전처리량의 14.5%에 해당한다(Chen, Geng 등,

2010). 2013년 통계에서는 생활폐기물 소각시설용량이 158,488톤/일이었고, 처리량은 4633.7만톤이었으므로, 2006년에 비하여 소각용량은 4배 증가하였고, 처리량도 4.2배 정도 증가하여 소각처리량이 급격히 증가하고 있음을 볼 수 있다. 중국도 한국과 같이 NIMBY 현상에 의해 새로운 폐기물 매립지를 확보하는 것은 매우 어려운 일이므로 소각에 의한 폐기물 감량화 비율은 당분간 계속 높아질 것으로 예상된다.

퇴비화 처리의 경우는 소각과 달리 처리량이 감소하고 있는데 2006년의 처리용량은 1일 9,000톤으로 2001년의 37%로 감소한 수치이다. 유기성 폐기물의 발생량이 많음에도 불구하고 2006년에 퇴비화된 폐기물 양은 290만톤에 불과하다. 생산된 퇴비가 화학비료에 비하여 경제적이지 않으며, 심리적으로 농부들이 덜 사용하는 경향이 있으므로 퇴비화는 민간부분의 투자유치를 얻기가 어려워지는 추세이다.

상대적으로 덜 발달된 내륙지역인 허난, 안후이, 허베이, 후난, 후베이 등의 성은 인구가 모두 5천만명이 넘는데, 그간의 안전하지 않은 처분방법으로 인한 오염의 복구와 함께 도시인구 증가에 기인한 생활폐기물의 발생량이 증가할 것이므로 폐기물 처리시설 용량의 증가가 요구되는 지역들이다.

중국의 도시간 여건이 상이하므로 한 가지의 폐기물 관리방법이 일괄적으로 적용되기는 어렵다. 도시의 경제 수준과 도시규모에 따라서 폐기물의 조성이 달라서, 발열량이 낮은 생활폐기물의 경우에는 소각방법을 적용하기가 곤란한 경우가 있다.

산업발전으로 생산되는 생활용품 소비가 보편화됨에 따라 필연적으로 대량의 생활폐기물이 발생하고 있는데, 폐기처분되는 생활폐기물은 휴대전화용 건전지 등 작은 소모품부터 가구나 자동차와 같은 대형 폐기물까지 다양하다. 중국의 경우 많은 도시에 설치되어 있는 폐기물 매립지가 포화상태에 이르러 몇 년 또는 몇 십 년 내에 문을 닫게 될 것으로 보인다. 오래된 비위생 폐기물 매립지의 경우 오랜 시간동안 대기 및 수질에 심각한 오염을 초래하고 있으며 매립지 가스로 인한 화재나 폭발의 위험이 도사리고 있다. 이러한 비위생 폐기물 매립지에 대한 생태적 회복과 오염방지대책 역시 시급히 해결해야 할 과제 가운데 하나이다.

중국은 2002년에 도시생활폐기물 처리비 징수제도를 실시하여 국가발전계획위원회, 재정부, 건설부, 국가환경보호총국 공동명의로 「도시생활폐기물처리비 징수제도의 실시로 폐기물 처리의 산업화를 촉진하는 것에 관한 통지」(关于实行城市生活垃圾处理收费制度促进垃圾处理产业化的通知, 计价格[2002]872号)를 각 성, 자치구, 직할시에 시달하였다.

그 주요 내용을 살펴보면 다음과 같다[12].

첫째, 도시생활폐기물 처리비 납부대상자는 주로 생활폐기물을 발생시키는 모든 국가기관과 기업(교통운수수단 포함), 개인 경영자, 사회단체, 도시주민과 도시 임시 거주인구 등이다.

둘째, 도시생활폐기물 처리비 제정절차에서 처리비 징수기준은 도시인민정부 물가 주관 부서가 건설(환경위생)행정 주관부서와 협의하여 제정하고 도시인민정부의 승인을 받아 집행하며, 아울러 성급 물가 및 건설행정주관부서에 보고한다. 생활폐기물 처리비의 재정과 조정은 가격 공청회 제도를 도입하고 시행하여야 한다.

셋째, 생활폐기물 처리비 징수기준은 서로 상이한 비용징수 대상에 따라 서로 다른 계산방법을 적용하여 월별로 징수하되 도시주민에 대하여는 매 가정 또는 거주자 수를 단위로, 도시 임시거주자 및 국가기관과 비영리기업은 사람을 단위로, 생산기업 등에 대하여는 영업면적을 단위로, 선박과 열차 및 비행기 등 교통수단은 허가된 적재량 또는 좌석 수에 따라 징수할 수 있다.

넷째, 생활폐기물 처리비의 용도 면에서 보면 징수된 처리비는 모두 폐기물 수집, 운반과 처리비용에 사용하여야 하며 어떠한 부서도 이를 전용 또는 유용하여서는 아니된다.

다섯째, 폐기물 처리기업 육성 과정은 다음과 같다. 폐기물 처리 기업은 정부와 기업을 분리하여 경쟁체제하에서 공개입찰방식을 통하여 자질을 갖춘 기업이 도시생활폐기물 처리업무를 책임지도록 하고, 허가경영, 도급경영, 임대경영 등 다원화된 경영방식을 적극 모색하여 건설과 운영비용을 낮추며 서비스 질을 제고시킨다.

여섯째, 관리감독을 강화하도록 한다. 관련 주관 부서는 규정에 의한 폐기물 처리비를 납부하지 않는 경우 조치를 취하여 관리를 강화하고, 생활폐기물 처리 기업에 대한 감독 관리를 강화하여 처리기준에 이르지 못하거나 서비스가 미흡한 경우 개선명령을 하며, 규정을 위반하여 비용을 징수하는 행위에 대하여 관련규정에 따라 조사한다.

중국 고형폐기물 사이트(中国固废网)는 매년 생활폐기물 처리업 투자분석보고서(中国城市生活垃圾行业投资分析报告)를 작성하여 이를 판매하고 있다.

이 보고는 중국 도시생활 폐기물 산업의 정책, 관리, 투자, 건설, 운영과 경쟁주체 상황을 전면적으로 파악할 수 있다. 또한 기업, 연구기관, 정부 등 부문에 대하여 전

12) 김영미, 중국 지역별 폐기물 처리비용 산정 및 비용절감 방안에 관한 연구 : 거리함수 접근법, 인하대학교 대학원 석사학위논문 (2009)

략분석과 연구를 진행하여 전면적인 기초자료를 제공하고, 발전 전략의 재정과 투자 영역의 선택에 대하여 중요한 참고 가치가 있다.

건설부에서 제정한 「생활폐기물 매립지의 무해화 처리능력 검사에 관한 통지」규정에 따라 2006년부터 각 성, 자치구, 직할시에서는 「생활폐기물 매립지의 무해화 평가표준」에 의존하여, 각 지역 생활폐기물 매립지의 무해화 처리에 대하여 자체적으로 검토하였으며, 전국 전문가들은 이에 대하여 랜덤하게 검토를 진행하였다. 또한 「생활폐기물 매립지의 무해화 평가표준」에 의하여, 제1급 혹은 제2급으로 지정된 것은 전부 무해화 생활폐기물 매립지로 채택되었다. <표 4.2>와 같이 2012년 말 현재 78개 매립지가 제1급으로 채택되었으며, 95개 매립지가 제2급으로 채택되었다. 총 173개 무해화 매립지 중 제1급 매립지 비율이 과거에 비하여 높아진 것을 보면 꾸준히 폐기물 매립시설의 시설이 개선되고 있음을 볼 수 있다.

〈표 4.2〉 2012년 현재 중국 각 지역(성) 무해화 매립지 현황

지역	제1급 위생매립지(개)	제2급 위생매립지(개)	지역	제1급 위생매립지(개)	제2급 위생매립지(개)
안휘성	5		요녕성	3	2
복건성	2		내몽고 자치구	1	1
감숙성	3	6	산동성	9	3
광동성	5	4	산서성	6	2
광서성	2	3	협서성	2	3
귀주성	1	1	상해시	1	
해남성	2	3	사천성	1	10
하북성	9	9	천진시	1	
하남성	4	6	절강성	2	2
호북성	3	12	중경시		5
호남성	5	2	영하 자치구		2
길림성	1	1	신강 자치구		10
강소성	10	1	운남성		7
			합계	78	95

자료출처 : 关于公布 2012 年城市生活垃圾处理设施无害化等级评定名单的公告, 中环卫函 [2013] 10号, 中国城市环境卫生协会

4.2 도시고형폐기물 처리시설의 현황 및 문제점

중국은 2013년 말 현재 생활폐기물 소각시설 용량이 158,488톤/일, 폐기물 소각처리량이 4,633.7만톤/년으로 폐기물 소각처리율은 26.88%로 급격히 증가하는 추세이며, 폐기물 소각량 기준으로는 세계 1위의 국가이다.

하지만, 생활폐기물의 분리수거가 잘 이루어지지 않고 있으며, 다량으로 배출되는 음식물 쓰레기에 의해서 후속의 소각 및 매립 공정에서 많은 문제점을 야기하고 있는 실정이다.

즉, 생활폐기물 소각의 경우 음식물 쓰레기에 의해 수분함량이 높아서 발열량(4~5 MJ/kg)이 낮은 문제점이 거론되고 있으며, 폐기물 매립의 경우에도 같은 이유로 폐기물 매립지 내부에 형성된 침출수 수위가 높고, 매립밀도가 높으며, 이에 따라 매립지 가스 추출시 사전에 수분을 제거하여야만 원활한 추출이 가능하며, 수직 추출정의

〈표 4.3〉 각국의 생활폐기물 소각처리현황

국가	폐기물 처리량 (만톤/년)	소각처리량 (만톤/년)	소각시설 수 (개)	소각율 (%)
EU(27개국)	23,800	5,750	520	24.1
한국[2)]	1,788	448	184[3)]	25.0
네델란드	922	452	12	49.0
영국	2,962	498	25	16.8
프랑스	3,494	1,147	129	32.8
독일	4,904	1,715	75	35.0
미국	25,100	2,930	82	11.7
일본	4,262	3,399	> 1200	79.8
중국[4)]	17,239	4,634	166	26.9

※ 자료출처 : 2, 3, 4를 제외한 수치는 1)의 자료를 인용함.

1) Wen, Xuefeng, "China Solid Waste Environmental Management", International Workshop on Urban Waste, Tsinghua University(2014)
2) 전국 폐기물 발생 및 처리현황(2012년도), 환경부(2013)
3) 한국의 소각시설 수는 지방자치단체 보유분임.
4) 중화인민공화국 국가통계국 홈페이지, http://data.stats.gov.cn (2013년 기준)

수명도 짧다고 한다(Li, Rundong, 2014).

또한 플라스틱류의 경우 재활용 가치가 있는 것은 사전에 개인 수입가에 의해 선별되므로, 결과적으로 생활폐기물 처리시설로 반입되는 폐기물의 성상은 가연성 폐기물의 비율은 낮고, 생분해성 폐기물의 비중은 높은 편이라고 한다.

2011년 현재 운영 중인 폐기물 에너지 회수시설의 형식은 화격자 소각로와 유동상 소각로가 거의 유사한 비중인 것으로 보고되고 있다(Li, Xiaodong, 2014).

〈표 4.4〉 **중국의 폐기물 에너지 회수시설 형식별 설치 현황(2011년 기준)**

운전형식	시설 수(개소)	처리용량(톤/일)	발전용량(MW)
스토카식	49	42,395	726.5
유동상식	47	40,170	1024.5
기타	5	2,850	39
합계	101	85,415	1790

※ 자료출처 : Li, Xiaodong, "The situation and development of municipal solid waste incineration technologies in China", International Workshop on Urban Waste, Tsinghua University (2014)

중국의 음식물 쓰레기 발생량은 한 해에 약 4,000만톤으로 막대한 양이 발생하고 있으며, 그 처리에 많은 어려움에 직면하고 있다고 한다(Ren, Lianhai, 2014). 도시 지역의 1인 1일 음식물 쓰레기 발생량은 0.1 kg 수준으로 추산되며, 베이징에서만 하루에 1,600톤의 음식물 쓰레기가 발생하고 있다.

한 조사 결과에 의하면 베이징 지역의 음식물 쓰레기 원소 분석 결과는 <표 4.5>와 같다.

중국의 음식물 쓰레기의 처리는 수분함량(70~95% 수준), 염분의 함량(0.5~2%), 유지방 성분(1~5%) 등이 높아서 적절한 처리를 하는데 어려움을 겪고 있다(Ren, Lianhai, 2014).

〈표 4.5〉 **베이징 지역의 음식물 쓰레기 원소분석 결과(단위 : % w/w)**

C	H	O	N	S	Cl
43.52	6.22	34.50	2.79	< 0.3	0.21

※ 자료출처 : Ren, Lianhai, "The situation and development of restaurant garbage treatment in China", International Workshop on Urban Waste, Tsinghua University (2014)

〈표 4.6〉 건조 기준 음식물 쓰레기의 물질 조성(단위 : % w/w)

성분	함량	성분	함량
유기물	80.21	칼슘	0.22
지방	25.86	납	불검출
단백질	24.77	카드뮴	불검출
셀룰로오스	2.34	수은	불검출
염분	4.59	아연	불검출
회분	7.70	비소	불검출

※ 자료출처 : Ren, Lianhai, "The situation and development of restaurant garbage treatment in China", International Workshop on Urban Waste, Tsinghua University (2014)

최근에 설치되는 음식물 쓰레기 처리시설은 중국의 경우도 혐기성 소화에 의한 메탄가스 생산 시설, 사료화 시설, 퇴비화 시설 등이 주류를 이루고 있다.

4.3 폐기물 매립지에서의 매립가스 이용현황

중국의 매립지 가스(LFG)를 이용한 최초의 발전소는 1998년에 항조우의 Tianziling 매립지에 설치되었다(Chen, Gong 등, 2010).

2005년에 제정되어 2006년 1월 1일부터 시행된 재생에너지법은 지방의 에너지망 관리기업이 재생에너지를 의무적으로 그들의 망(전력망, 가스망, 지역난방망)에 수용하도록 강제하고 있다. 그리고 재생에너지 시설과 공공망과의 접속 시스템 건설에 소요되는 비용은 해당되는 에너지 망 관리회사가 부담하도록 규정하였다(Chen, Gong 등, 2010).

LFG 프로젝트는 건설 전에 정부로부터 허락을 받아야 하는데, 다음 단계를 포함하고 있다.

- 지방환경청에 의한 사업에 대한 환경영향평가의 승인
- 지방 전력망회사에 의한 전력접속시스템 타당성 보고서의 승인

〈표 4.7〉 중국 폐기물 매립지에서의 LFG 이용사업 현황

LFG 이용형태	사업수	이용 규모	비고
발전	26	총 56.8 MW	CHP 사업 1개 포함
보일러를 이용한 열 생산	1	800 t/일(95℃)	
화로 및 소각로 보조연료	2	총 2,600 m^3/h	
자동차 연료	2	총 10,000 m^3/일	
침출수 처리	1	40 t/일	
병원폐기물 소각	1	600 kg/h	
Flare	10	총 5,000 m^3/h	폐쇄된 Flare는 미포함

출처 : Chen, Z., Gong, H., and Jiang, R., Jiang, Q., Wu, W., "Overview on LFG projects in China", Waste Management, Vol. 30, pp. 1006-1010 (2010)

- 최종 승인을 위해 지방 개발 및 개조위원회에 사업신청서 및 타당성 보고서의 제출

2008년 말 현재 중국 폐기물 매립지에서의 LFG 이용사업에 대한 현황은 <표 4.7>과 같다.

표에서 보는 바와 같이 매립가스를 발전에 이용하는 것이 가장 많으며, 중국의 주요 성과 직할시에 고루 분포하고 있다. 2012년 말까지는 LFG를 이용한 발전용량이 140 MW에 도달할 것으로 예측하였다. 하지만 2012년 이후로는 LFG를 이용한 에너지 회수시설의 설치가 더디어질 것으로 예측하고 있다.

중국에서 더 많은 LFG 회수/이용 사업이 진행되는 데는 아래와 같은 몇 가지 문제점이 있는 것으로 논의되고 있다(Chen, Gong 등, 2010).

① 매립가스 수집량이 당초 계산치에 비하여 낮음

매립가스 수집량이 당초 설계상 계산치에 비하여 낮게 회수되고 있는데, 이는 중국의 매립폐기물 조성이 음식물 폐기물이 많아서 짧은 기간에 쉽게 분해되는 특성이 있어서 기존에 설치된 가스포집정이 제 기능을 발휘하지 못하는데 기인하며, 따라서 수집되지 못하고, 대기 중으로 방출되는 가스가 많은 실정이라고 한다. 아울러 매립지 내 지하수 수위가 높게 형성되어 매립가스의 포집이 원활하지 못한 것도 하나의 이유로 제시되고 있다.

또한 무기성의 건설폐기물과 소각재의 매립량이 증가하는 것도 매립가스 발생

량을 감소시키는 요인이 되고 있다.

② 대기오염 배출기준

현재 가스 엔진에 대한 배기가스 배출기준은 보일러에 대해 설정된 배출기준(GB13271-2001)이 적용되고 있는데, 이 기준에서 NO_x에 대한 기준치 400 mg/Nm^{3}은 현재 적용되는 대부분의 가스엔진에서 배출되는 NO_x 농도가 500~900 mg/Nm^3 범위임을 감안할 때 기준치를 만족시키지 못하고 있는 실정이다.

③ LFG의 전처리

매립가스 안에는 메탄, 이산화탄소 이외에도 수분과 가스엔진의 가동시 문제를 일으킬 수 있는 여러 가지 미량의 화합물이 포함되어 있다. 황화수소, 실록산 등은 대표적으로 알려져 있는 물질들이다. 현재 중국에서는 수분 제거와 여과 등 몇 가지 전처리만이 실시되고 있는데, LFG 전처리가 되지 않으면 가스엔진의 수명이 단축되는 문제가 발생한다.

④ CDM 사업의 불투명성

LFG를 이용한 전력생산의 경우 CDM 사업을 통해 얻어지는 재정적 지원의 토대에서 이루어지고 있다. 하지만, 2008년에 중국 환경보호부에서는 "도시고형폐기물 매립지의 환경오염 규제기준(GB-16889-2008)"을 공포하였다. 이 기준에 의하면 매립지 가스는 추출하여 소각하거나 이용하도록 규정하고 있다. 따라서 이 기준에 의해 CDM 사업에서 Baseline 시나리오가 LFG를 추출하여 소각하는 것이 기준이 되면 LFG 발전의 경제성은 악화되어 신규 사업을 포기할 우려가 있다.

5 CHAPTER

중국의 폐기물 관련 법규

중국의 폐기물 관련 법인 고형폐기물 환경오염방지법은 1995년에 제정되어 1996년부터 시행되었으며, 2005년에 개정되었다.

5.1 고형폐기물 환경오염방지법

(中华人民共和国固体废物污染环境防治法)

제1장 총칙

제1조 고형폐기물로 인한 환경오염을 방지하고 인체건강을 보장하며 생태 안전을 유지하고 경제 사회의 지속가능한 발전을 촉진하기 위하여 이 법을 제정한다.

제2조 이 법은 중화인민공화국 영역 내의 고형폐기물 환경오염 방지에 대하여 적용된다. 고형폐기물로 인한, 해양환경오염방지와 방사성 고형폐기물로 인한 환경오염방지에 대하여는 이 법을 적용하지 아니한다.

제3조 국가는 고형폐기물 환경오염 방지를 위하여 고형폐기물의 발생량 및 위해성 감소, 고형폐기물의 충분하고도 합리적인 이용, 고형폐기물의 무해화 처리 원칙을 실시하여 청정생산과 순환경제발전을 촉진한다.
국가는 고형폐기물을 종합이용하기 위한 경제 기술정책과 조치를 취해 고형폐기물의 충분한 회수 및 합리적인 이용을 실현한다.
국가는 환경보호에 유리한 고형폐기물 집중처리 조치를 장려하고 지원하여 고형폐기물 환경오염방지 산업의 발전을 촉진한다.

제4조 현급 이상 인민정부는 고형폐기물 환경오염방지 사업을 국민경제 및 사회발전계획에 포함시켜야 하며, 고형폐기물 환경오염방지에 유리한 경제 기술 정책과 조치를 취하여야 한다. 국무원 관련부서, 현급 이상 지방 인민정부 및 기타 관련부서에서 도시와 향(鄕) 건설, 토지 이용, 지역개발, 공업 발전 등 계획을 수립할 때 고형폐기물 발생량 감소 및 위해성을 충분히 고려하고 고형폐기물의 종합 이용 및 무해화 처리를 촉진시켜야 한다.

제5조 국가는 고형폐기물로 인한 환경오염 방지와 관련하여 오염자 부담 원칙을 실시한다. 제품의 생산자, 판매자, 수입자, 사용자는 발생된 고형폐기물에 대해 법에 의한 오염방지 책

임을 진다.

제6조 국가는 고형폐기물 환경오염 방지의 과학연구, 기술개발, 새로운 오염방지기술 확대 및 고형폐기물 환경오염방지의 과학지식의 보급을 장려하고 지원하여야 한다.
각급 인민정부는 고형폐기물 환경오염방지와 관련된 홍보교육을 강화하고 환경보호에 유리한 생산방식 및 생활방식을 적극 유도하여야 한다.

제7조 국가는 회사 또는 개인이 재생제품이나 재이용 제품을 사용하도록 장려한다.

제8조 각급 인민정부는 고형폐기물 환경오염방지사업 및 이와 관련된 종합이용 활동 중 성적이 뛰어난 회사나 개인에 대하여 표창하여야 한다.

제9조 어떠한 회사나 개인을 막론하고 환경을 보호할 의무가 있으며 고형폐기물에 의한 환경오염을 초래한 회사 또는 개인을 적발하여 고발할 권한을 가진다.

제10조 국무원 환경보호 행정주관부서는 전국의 고형폐기물 환경오염방지 업무에 대한 통일적인 감독 관리를 실시한다. 국무원 유관부서는 각자의 직책의 범위 내에서 고형폐기물 환경오염방지를 위한 감독 관리업무를 책임진다.
현급 이상 지방인민정부 환경보호 행정주관부서는 당해 행정구역 내에서의 고형폐기물 환경오염방지 업무에 대한 통일적인 감독 관리를 실시한다. 현급 이상 지방인민정부의 유관부서는 각자의 직책의 범위 내에서 고형폐기물 환경오염방지를 위한 감독관리 업무를 책임진다.
국무원 건설행정 주관부서와 현급 이상 지방인민정부 환경위생 행정주관부서는 도시생활 폐기물의 청소, 수집, 보관, 운송 및 처리의 감독관리 업무를 책임진다.

제2장 고형폐기물 환경오염방지 감독관리

제11조 국무원 환경보호 행정주관부서는 국무원 관련 행정주관부서와 공동으로 국가환경품질표준 및 국가경제, 기술조건에 근거하여 국가고형폐기물 환경오염방지 기술표준을 제정한다.

제12조 국무원 환경보호 행정주관부서는 폐기물에 의한 환경오염 모니터링제도를 구축하고 통일된 모니터링 규범을 제정하며, 유관부서와 함께 모니터링 네트워크를 구축한다.
대도시와 중도시 인민정부 환경보호 행정주관부서는 장기적으로 고형폐기물의 종류, 발생량, 처리상황 등을 발표하여야 한다.

제13조 고형폐기물을 발생시키는 프로젝트의 건설 및 고형폐기물의 보관, 이용, 처리 프로젝트 건설은 반드시 환경영향평가를 거쳐야 하며 아울러 국가 환경보호관리규정을 준수하여야 한다.

제14조 건설프로젝트의 환경영향평가서에 확정된 고형폐기물 환경오염방지시설은 반드시 주된 공정과 동시에 설계되고 동시에 시공되며 동시에 생산 활동에 사용되어야 한다.
고형폐기물 환경오염방지설비는 반드시 환경영향평가서를 최초 허가한 환경보호 행정주관부서의 검사 합격 후 건설프로젝트를 생산에 투입하거나 사용하여야 한다. 고형폐기물 환경오염방지시설에 대한 검수는 반드시 주된 공정의 검수와 동시에 진행되어야 한다.

제15조 현급 이상 인민정부 환경보호 행정주관부서와 기타 고형폐기물 환경오염방지업무 감독 관리부서는 각자의 직책에 의거 관할 범위 내와 고형폐기물 환경오염방지 관련사업장에 대한 현장검사 권한을 갖는다. 피검 사업자는 상황을 사실대로 반영하여야 하며 필요한 자료를 제공하여야 한다. 검사기관은 피검자의 기술 및 업무상의 비밀을 지켜야 한다.
검사기관이 현장 검사 시 현장모니터링, 시료 채취, 고형폐기물 환경오염과 관련된 자료를 열람 또는 복사 등 조치를 취할 수 있다. 검사요원은 현장 검사 시 신분증을 제출하여야 한다.

제3장 고형폐기물 환경오염방지

제1절 일반규정

제16조 고형폐기물을 배출하는 사업자는 고형폐기물에 의한 환경오염 방지 또는 감소 조치를 취하여야 한다.

제17조 고형폐기물을 수집, 보관, 운송, 이용 처리하는 회사나 개인은 반드시 고형폐기물의 유실, 누출 및 기타 환경오염 방지를 위한 조취를 취하여야 하며 아무 곳에나 버리거나 쌓아 두어서는 아니된다.
어떠한 회사나 개인을 막론하고 고형폐기물을 하천, 호수, 운하, 관개수로, 저수지 및 기타 홍수 수위선 이하의 사주, 기슭 등 법률이나 법규에서 폐기물을 버리거나 쌓아 두지 못하도록 규정하고 있는 지역에 마음대로 버리거나 쌓아 두어서는 아니된다.

제18조 제품 및 포장물의 설계, 제조는 반드시 국가의 청정생산 관련 규정을 준수하여야 한다. 국무원 표준화 행정주관부서는 국가경제와 기술조건, 고형폐기물 환경오염방지상황 및 제품의 기술요구에 의거 관련 표준을 제정하여 포장물로 인한 환경오염을 방지하여야 한다.
국가가 규정한 강제회수 목록에 나열된 제품, 포장물을 생산, 판매, 수입하는 기업은 국가 관련 규정에 따라 반드시 자체 생산한 제품의 포장물을 회수하여야 한다.

제19조 국가는 연구소나 생산기업이 회수이용 및 처리가 편리하고 쉽게 분해되는 농업용 비닐과 상품 포장제품을 연구, 생산하는 것을 장려한다.

농업용 비닐을 사용하는 회사나 개인은 회수이용 등 조치를 취하여 농업용 비닐로 인한 환경오염을 방지 또는 감소시켜야 한다.

제20조 대규모 축산업에 종사하는 경우 국가 관련 규정에 따라 생육 과정에서 발생된 분뇨를 수거, 보관, 이용하거나 처리하여 환경오염을 방지하여야 한다.
인구밀집지역, 공항주변, 교통간선부근 및 당해 지방정부가 지정한 구역에서 볏짚의 노천 소각을 금지한다.

제21조 고형폐기물을 수집, 보관, 운송, 처리하는 설비, 시설 및 장소는 관리와 유지를 강화하여 정상적인 운영과 사용이 가능하도록 하여야 한다.

제22조 국무원과 국무원 유관주관부서 및 성, 자치구, 직할시 인민정부가 설정한 자연보호구, 풍경명승구, 생활음용수원지와 기타 특별한 보호가 요구되는 구역 내에서는 산업폐기물을 집중 보관 또는 처리하는 시설이나 장소 및 생활폐기물 매립지를 설치하여서는 아니된다.

제23조 고형폐기물을 성, 자치구, 직할시 행정구역 밖으로 이동하여 보관 처리하고자 하는 경우에는 반드시 고형폐기물 반출지역의 성, 자치구, 직할시 환경보호 행정주관부서에 신청서를 제출하여야 한다. 반출지의 성, 자치구, 직할시 인민정부 환경행정 주관부서는 접수지역 성, 자치구, 직할시 인민정부 행정주관부서의 동의를 얻은 후 고형폐기물을 기타 지역으로 반출할 수 있다. 허가를 받지 않고는 반출할 수 없다.

제24조 중화인민공화국 국외의 고형폐기물을 국내로 반입하여 버리거나 쌓아놓거나 처리하여서는 아니된다.

제25조 원료로 사용이 불가능하거나 또는 무해화 방식으로 이용이 불가능한 고형폐기물의 수입을 금지한다. 원료로 사용이 가능한 고형폐기물에 대해서는 수입을 제한 또는 자동허가 수입 분류 관리 제도를 실시한다.
국무원 환경행정 주관부서는 국무원 대외무역주관부서, 국무원 경제종합 거시조정부서, 세관총서, 국무원 품질감독검사검역부서와 공동으로 수입 금지, 수입규제 및 자동허가수입 관련 고형폐기물목록을 제정, 조정, 발표한다.
수입금지 목록에 나열될 고형폐기물, 수입규제 목록에 나열될 고형폐기물은 국무원 환경행정 주관부서와 국무원 대외무역 주관부서의 공동심사를 거친 후 확정된다. 수입 자동허가 목록에 나열된 고형폐기물은 반드시 자동허가 수속을 받아야 한다.
수입된 고형폐기물은 반드시 국가 환경보호 표준에 부합되어야 하며 아울러 품질감독검사부서의 검사에 합격되어야 한다.
고형폐기물 수입에 관한 구체적인 관리방법은 국무원 환경보호 행정주관부서가 국무원 대외무역주관부서, 국무원 경제종합 거시조정부서, 세관총서, 국무원 품질감독 검사검역부서와 협의하여 제정한다.

제26조 수입자는 세관이 자신의 수입화물을 고형폐기물로 분류하는데 대해 불복하는 경우 행정 재심의를 신청하거나 또는 인민법원에 행정소송을 제기할 수 있다.

제2절 공업고형폐기물 환경오염방지

제27조 국무원 환경보호 행정주관부서는 반드시 국무원 경제종합 거시조정부서와 기타 유관부서와 함께 공업고형폐기물이 환경오염을 일으킬 수 있는 한계를 정하고, 공업고형폐기물 환경오염방지 기술정책을 제정하며, 공업고형폐기물 환경오염 방지를 위한 선진의 생산공법 및 설비를 확대 보급하여야 한다.

제28조 국무원 경제종합 거시조정부서는 국무원 유관 부서와 함께 공업고형폐기물 발생량과 위해성을 감소시킬 수 있는 생산 방법과 설비를 연구하고 개발 보급하여야 하며, 심각하게 환경을 오염시키는 공업고형폐기물을 발생시키는 낙후된 생산 방법 및 시설의 목록을 기한 내에 제거하도록 그 목록을 공포하여야 한다.
생산자 판매자 수입자 및 사용자는 반드시 국무원 경제종합 거시조정부서가 국무원 유관부서와 협의하여 제정한 전항에서 규정한 목록에 포함된 설비의 생산 판매 수입사용을 기한 내에 각각 중지하여야 한다. 생산 방법을 도입한 자는 반드시 국무원 경제종합 거시조정부서가 국무원 유관부서와 협의하여 규정한 기한 내에 전항 목록에 포함된 방법의 채용을 중지하여야 한다.
기한이 지나 도태목록에 포함된 도태설비를 다른 사람에게 양도하여 사용하도록 하여서는 안 된다.

제29조 현급 이상 인민정부 유관부서는 공업고형폐기물 환경오염방지사업계획을 수립하여 공업고형폐기물의 발생량을 최대한 줄일 수 있는 선진생산 방법과 설비를 확대보급하고, 공업고형폐기물 환경오염 방지사업을 추진하여야 한다.

제30조 공업고형폐기물을 발생시키는 사업자는 반드시 환경오염방지 책임제도를 수립하고 공업고형폐기물 환경오염 방지조치를 취하여야 한다.

제31조 사업기관에서는 원자재, 에너지 및 기타 자원을 합리적으로 이용하고 선진적인 생산방법, 설비를 이용함으로써 공업고형폐기물의 생성량, 위해성을 감소시켜야 한다.

제32조 국가는 공업고형폐기물 신고 등록 제도를 실시한다.
공업고형폐기물을 발생시키는 사업자는 국무원 환경보호 행정주관부서의 규정에 따라 반드시 소재지 현급 이상 인민정부 환경보호 행정주관부서에 공업고형폐기물의 종류, 발생량, 처리경로, 보관, 처리 등 관련 자료를 제출하여야 한다.
전항에서 규정한 보고사항에 중대한 변화가 발생한 경우 즉시 보고하여야 한다.

제33조 사업자는 경제, 기술조건에 근거하여 자체 발생한 공업고형폐기물을 이용하여야 한다. 잠시 이용하지 않거나 또는 이용이 불가능한 경우에는 국무원 환경보호 행정주관부서의 규정에 따라 보관시설이나 보관 장소를 건설하거나 또는 안전하게 분류하여 보관하거나 또는 무해화 처리조치를 취하여야 한다.
공업고형폐기물의 보관 처리시설 및 장소는 반드시 국가 환경보호 표준에 부합되어야 한다.

제34조 공업고형폐기물 환경오염 방지시설이나 장소를 임의로 폐쇄, 방치 또는 철거하는 것을 금지한다. 만약 폐쇄나 철거 등이 확실히 필요한 경우에는 반드시 소재지 현급 이상 지방인민정부 환경보호 행정주관부서의 허가를 받아야 하며, 조치를 취하여 환경오염을 방지하여야 한다.

제35조 공업고형폐기물을 발생하는 사업자가 사업을 종결하고자 하는 경우에는 사전에 공업고형폐기물 보관, 처리시설, 장소에 대해 환경오염방지 조치를 취하여야 한다. 아울러 처리되지 않은 공업고형폐기물에 대해 적절한 조치를 취하여 환경오염을 방지하여야 한다.
공업고형폐기물을 발생하는 사업자가 변경된 경우 변경 후의 사업자가 국가 관련 환경보호 규정에 따라 처리되지 않은 공업고형폐기물 및 그 보관 처리시설 및 장소에 대해 안전처리 또는 관련 조치를 취해 시설 및 장소의 안전운영을 확보하여야 한다. 변경 전 당사자가 공업고형폐기물 및 보관 처리시설, 장소에 대한 오염방지책임 약정이 있을 경우 그 약정에 따른다. 다만, 당사자의 오염처리 의무를 면제하지 아니한다.
이 법 시행 전에 이미 생산을 중지한 사업자가 미처리한 공업고형폐기물 및 그 보관 처리시설, 장소에 대한 안전처리비용은 관련 인민정부가 부담한다. 다만, 동 사업자가 토지사용권을 관련 법률 규정에 따라 양도했을 경우, 토지사용권 양수자가 처리비용을 부담하여야 한다. 당사자 사이에 별도의 약정이 있을 경우, 그 약정에 따라 처리한다. 다만, 당사자의 오염처리의무를 면제하지 아니한다.

제36조 광산기업은 과학적인 채굴방법 및 선광기술을 채택하여 광미, 맥석, 폐석 등 광산 고형폐기물의 발생량과 보관량을 줄여야 한다.
광미, 맥석, 폐석 등 광산 고형폐기물 보관시설을 사용하지 않을 경우, 광산기업은 국가 관련 환경보호 규정에 따라 보관 장소를 봉쇄하고, 환경오염과 생태파괴를 방지하여야 한다.

제37조 폐가전제품, 폐자동차 및 폐선박의 해체, 이용, 처리는 관련 법률, 법규의 규정에 따라 조치를 취해 환경오염을 방지하여야 한다.

제3절 생활폐기물 환경오염방지

제38조 현급 이상 인민정부는 도시생활폐기물 수집 운송 처리시설의 건설을 총괄적으로 계획하여 생활폐기물의 이용률과 무해화 처리율을 높여 생활폐기물 수집・처리 공업화 발전을 촉진시킴으로써 생활폐기물 환경오염방지의 사회서비스 체계를 구축하여야 한다.

제39조 현급 이상 지방인민정부 환경위생행정 주관부서는 도시생활폐기물의 청소, 수거, 운송 및 처리를 담당하며, 입찰 등 방식을 통해 조건에 부합되는 회사를 선택하여 생활폐기물의 청소, 수거, 운송 및 처리사업에 종사하게 할 수 있다.

제40조 도시생활폐기물은 환경위생 행정주관부서의 규정에 따라 지정한 지점에 보관하여야 하며 임의로 아무 곳에 버리거나 쌓아 두어서는 아니된다.

제41조 도시생활폐기물을 청소, 수거, 운송, 처리할 때에는 국가 관련 환경보호 및 환경위생관리 규정을 준수하여야 하며 환경오염을 방지하여야 한다.

제42조 도시생활폐기물은 반드시 제때에 운송, 처리하여야 하며 점차적으로 분류 수거하여 운송하고 아울러 합리적인 이용을 적극 전개하고 무해화 처리를 실현한다.

제43조 도시인민정부는 계획적으로 연료구조를 개선하여야 하며 도시가스, 천연가스, 액화가스 및 기타 청정에너지의 사용을 적극 발전시켜야 한다.
도시인민정부 관련 부서는 야채를 깨끗이 처리한 후 도시로 반입토록 하여 도시생활폐기물의 발생량을 감소시켜야 한다.
도시인민정부 관련 부서는 회수망을 종합적이고 합리적으로 배치하여 생활폐기물의 회수이용 사업을 촉진시켜야 한다.

제44조 생활폐기물처리시설, 장소의 건설은 반드시 국무원 환경보호 행정주관부서와 국무원 건설 행정 주관부서가 규정한 환경보호 및 환경위생 표준에 부합되어야 한다.
생활폐기물 처리시설이나 장소를 임의로 폐쇄, 방치 또는 철거하는 것을 금한다. 만약 폐쇄, 철거가 필요할 경우, 반드시 소재지 현급 이상 지방인민정부 환경위생행정 주관부서의 허가를 받아야 하며 관련 조치를 취해 환경오염을 방지하여야 한다.

제45조 생활폐기물에서 회수한 물질은 반드시 국가에서 규정한 용도 또는 표준에 따라 사용하여야 하며, 인체건강에 해를 끼치는 제품생산에 사용하여서는 아니된다.

제46조 공정 시공사는 공사과정에서 발생된 고형폐기물을 즉시 운송하여야 하며 환경위생 행정 주관부서의 규정에 따라 이용 또는 처리하여야 한다.

제47조 공공교통운송에 종사하는 사업자는 국가 관련 규정에 따라 운송과정에서 발생된 생활폐기물을 청소, 수거하여야 한다.

제48조 신도시 개발, 구(舊)도시 재개발과 택지 개발 사업자 및 공항, 부두, 정거장, 공원, 상점 등 공공시설 장소 경영회사는 국가의 환경위생 관련 규정에 따라 생활폐기물 수거시설을 건설하여야 한다.

제49조 농촌생활폐기물 환경오염방지 조치와 관련된 구체적인 방법은 지방법규에서 정한다.

제4장 위험폐기물 환경오염방지 특별규정

제50조 위험폐기물 환경오염방지는 본 장의 규정을 적용한다. 본 장에서 규정하지 않은 부분에 대해서는 본 법의 기타 규정을 적용한다.

제51조 국무원 환경보호 행정주관부서는 국무원 관련부서와 함께 국가 위험폐기물 목록을 작성하며 통일적인 위험폐기물 감별표준, 감별방법 및 식별표지를 규정한다.

제52조 위험폐기물의 용기와 포장물 및 위험폐기물의 수거, 보관, 운송, 처리하는 시설이나 장소에는 반드시 위험폐기물 식별표지를 부착하여야 한다.

제53조 위험폐기물 발생 사업자는 반드시 국가관련 규정에 따라 위험폐기물 관리계획을 수립하여야 하며 소재지 현급 이상 지방인민정부 환경보호 행정주관부서에 위험폐기물의 종류, 발생량, 처리경로, 보관, 처리 등 관련 자료를 제출하여야 한다.
전항에서 말하는 위험폐기물 관리계획이라 함은 위험폐기물 발생량과 위해성 감소 조치 및 위험폐기물의 보관 이용 처리조치를 포함한다. 위험폐기물 관리계획은 위험폐기물 발생 사업자 소재지 현급 이상 지방인민정부 환경보호 행정주관부서에 보고하여 등록하여야 한다.
본 조에서 규정한 신고사항 또는 위험폐기물 관리계획 내용에 중대한 변화가 발생한 경우 즉시 신고하여야 한다.

제54조 국무원 환경보호 행정주관부서는 국무원 경제종합거시 조정부서와 공동으로 위험폐기물 집중처리시설 및 장소의 건설계획을 제정하며 국무원의 허가를 받은 후 실시한다.
현급 이상 지방인민정부는 위험폐기물 집중처리시설 및 장소의 건설계획에 근거하여 위험폐기물 집중처리시설 및 장소를 건설하여야 한다.

제55조 위험폐기물 발생 사업자는 반드시 국가 관련규정에 따라 위험폐기물을 처리하여야 하며 임의로 버리거나 쌓아 두어서는 아니된다. 적정 처리하지 않은 경우 소재지 현급 이상 지방인민정부 환경보호 행정주관부서가 기한 내 개선할 것을 명한다. 기한 내 처리를 하지 않았거나 또는 처리결과가 국가 관련 규정에 부합되지 않을 경우, 소재지 현급 이상 지방인민정부 환경보호 행정주관부서는 사업자를 지정하여 국가 관련규정에 의거 대신 처리하도록 하고 그 처리비용은 위험폐기물 발생사업자에게 부담시킨다.

제56조 매립 방식에 의한 위험폐기물 처리가 국무원 환경보호 행정주관부서의 관련 규정에 부합되지 않을 경우 위험폐기물 오염배출비용을 납부하여야 한다. 위험폐기물 오염배출비용의 구체적인 징수방법은 국무원이 규정한다.
위험폐기물 오염 배출비용은 환경오염 방지에 사용하여야 하며 기타 용도로 사용해서는 아니된다.

第57조 위험폐기물 수거 보관 처리활동에 종사하는 사업자는 반드시 현급 이상 인민정부 환경보호 행정주관부서에 신청하여 경영 허가증을 취득하여야 한다. 위험폐기물을 이용한 경영활동에 종사하는 사업자는 반드시 국무원 환경보호 행정주관부서 또는 성 자치구 직할시 인민정부 환경보호 행정주관부서에 신청하여 경영허가증을 취득하여야 한다. 구체적 관리방법은 국무원이 정한다.
경영허가증이 없거나 또는 경영허가증의 규정에 따르지 않고 위험폐기물의 수거 보관 이용 처리 등 경영활동에 종사하는 것을 금한다.
위험폐기물을 경영허가증이 없는 사업자에게 제공하거나 위탁하여 수거 보관 이용 처리해서는 아니된다.

第58조 위험폐기물의 수거 보관은 반드시 위험폐기물의 특성에 따라 분류한 후 진행하여야 한다. 위험폐기물을 혼합 수거 보관 운송하거나 또는 상호간 서로 용납할 수 없는 성질을 갖는 위험폐기물을 혼합 처리하는 행위를 금한다.
위험폐기물의 보관은 반드시 국가 환경보호표준에 부합되는 방호조치가 따라야 하며, 보관기한은 1년을 초과하지 못한다. 보관기한을 연장하여야 할 필요가 있는 경우, 반드시 경영허가증을 발급한 행정주관부서의 허가를 받아야 한다. 단, 법률이나 행정법규에서 별도로 규정한 경우에는 제외한다.
위험폐기물을 위험폐기물 이외의 폐기물과 혼합하여 보관하는 것을 금한다.

第59조 위험폐기물을 타 지역으로 이동하여야 할 경우 반드시 국가관련 규정에 따라 위험폐기물 이동전표에 관련 내용을 기입하여야 하며, 아울러 이동지역의 시(市)급 이상 지방인민정부 환경보호 행정주관부서에 신청서를 제출하여야 한다. 위험폐기물 이전지역의 시(市)급 이상 지방인민정부 환경보호 행정주관부서는 위험폐기물 접수지역의 시(市)급 이상 지방인민정부 환경보호 행정주관부서의 동의를 얻은 후 위험폐기물을 기타 지역으로 이전할 수 있다. 허가를 받지 않은 경우 위험폐기물을 타 지역으로 이전할 수 없다.
위험폐기물을 이전할 때, 위험폐기물 이동지역 및 접수지역 이외의 행정구역을 통과하여야 할 경우, 위험폐기물 이전지역의 시(市)급 이상 지방인민정부 환경보호 행정주관부서는 반드시 제때에 통과지역 시(市)급 이상 지방인민정부 환경보호 행정주관부서에 통지하여야 한다.

第60조 위험폐기물을 운송할 때에는 반드시 환경오염방지 조치를 취하여야 하며 국가의 위험화물 운송관리 관련규정을 준수하여야 한다.
위험폐기물을 여객과 동일한 운송도구로 운반하여서는 아니된다.

第61조 위험폐기물을 수거 보관 운송하는 장소, 시설, 설비, 용기, 포장물 및 기타제품을 타 용도로 사용할 경우에는 반드시 오염제거조치를 거친 후 사용할 수 있다.

第62조 위험폐기물의 발생, 수거, 보관, 운송 및 처리하는 사업자는 돌발사고에 대한 예방조치와 응급대비 방안을 제정하여야 하며, 아울러 현급 이상 지방인민정부 환경보호 행정주관부서에 등록하여야 하며 환경보호 행정주관부서는 동 방안에 대한 검사를 진행하여야 한다.

제63조 사고 또는 기타 돌발사고의 발생으로 위험폐기물로 인한 심각한 환경오염을 초래한 사업자는 반드시 즉시 환경에 대한 오염의 위해를 제거하거나 경감할 수 있는 조치를 취해야 하며, 즉시 오염의 위해를 입을 가능성이 있는 사업자나 주민에게 통보하고 아울러 소재지 현급 이상 지방인민정부 환경보호 행정주관부서와 관련 부서에 보고하고 조사 처리하여야 한다.

제64조 위험폐기물로 인하여 심각한 환경오염이 발생하거나 발생할 가능성이 있다는 증거 또는 위험폐기물이 주민의 생명, 재산, 안전에 위협을 초래할 가능성이 있는 증거를 파악했을 때, 현급 이상 지방인민정부 환경보호 행정주관부서 또는 기타 고형폐기물 환경오염방지 감독 관리부서는 즉시 본급 인민정부와 상급 인민정부 행정주관부서에 보고하여야 하며 인민정부에서 방지 또는 위해 감소 유효조치를 취한다. 인민정부는 수요에 따라 오염을 초래할 가능성이 있거나 또는 이미 오염사고를 초래한 기업의 작업을 중단하도록 명령을 내릴 수 있다.

제65조 중점 위험폐기물 처리시설이나 장소의 폐쇄비용은 사전에 산정하여 예산 투자 또는 경영원가에 포함시켜야 한다. 구체적인 관리 방법은 국무원 재정부서, 가격 주관부서가 국무원 환경보호 행정주관부서와 공동으로 제정한다.

제66조 중화인민공화국을 통과하여 위험폐기물을 이동하는 것을 금지한다.

제5장 법률책임

제67조 현급 이상 인민정부 환경보호 행정주관부서 또는 기타 고형폐기물 환경오염방지 감독 관리부서가 이 법의 규정을 위반하여 아래 행위의 하나에 해당하는 경우 본급 인민정부 또는 상급 인민정부 관련 행정주관부서가 개선을 명하고 주요 책임자와 기타 직접 책임이 있는 자에게 행정 처분한다. 범죄를 구성한 경우에는 법에 의거 형사책임을 추궁한다.

(1) 법에 의하지 아니하고 행정허가를 하거나 허가문서를 발급한 경우

(2) 위법행위를 발견했거나 또는 위법행위 신고를 접수한 후 조사 처리를 하지 않은 경우

(3) 법에 따른 관리 감독 책임을 이행하지 않은 기타 행위

제68조 이 법의 규정을 위반하여 아래 행위의 하나에 해당하는 경우 현급 이상 인민정부 환경보호 행정주관부서가 위법행위의 중지를 명하고 기한 내 개선하도록 하며 벌금에 처한다.

(1) 국가 관련규정에 따라 공업폐기물을 신고등록하지 않았거나 또는 허위신고를 한 경우
(2) 잠시 이용하지 못하거나 또는 이용할 수 없는 공업고형폐기물에 대해 보관시설이나 장소를 건설하여 안전하게 분류하여 보관하지 않았거나 또는 무해화 처리조치를 취하지 않은 경우
(3) 기한이 지나 도태목록에 포함된 도태설비를 타인에게 양도하여 사용하게 한 경우
(4) 공업고형폐기물 처리시설이나 장소를 임의로 폐지, 방치, 철거한 경우
(5) 자연보호구, 풍경명승구, 음용수 수원보호구, 기본 농경지 보호구 및 특별보호가 필요한 지역 내에서 공업폐기물의 보관, 처리시설이나 장소, 생활폐기물 매립지를 건설한 경우
(6) 성・자치구・직할시를 벗어나 고형폐기물을 임의로 이동하여 보관・처리한 경우
(7) 상응한 방지 조치를 취하지 않아 공업고형폐기물의 흩날림, 유실, 침투 또는 기타 환경오염을 초래한 경우
(8) 운송과정에서 공업고형폐기물을 버린 경우

전항 (1), (8) 항목의 행위에 해당될 경우 5,000元 이상 50,000元 이하의 벌금에 처한다. 전항 (2), (3), (4), (5), (6), (7) 항목의 행위에 해당될 경우 10,000元 이상 100,000元 이하의 벌금에 처한다.

제69조 이 법의 규정을 위반하여 건설프로젝트에 필요한 고형폐기물 환경오염방지시설을 건설하지 않거나 검수를 통과하지 않거나 검수에 불합격한 상황에서 주체공정이 생산에 투입 또는 사용되는 경우 동 건설프로젝트 환경영향평가 문건을 심사 비준한 환경보호 행정주관부서가 생산 또는 사용을 중지하도록 명하고, 아울러 100,000元 이하의 벌금에 처할 수 있다.

제70조 이 법의 규정을 위반하여 현급 이상 인민정부 환경보호 행정주관부서 또는 기타 고형폐기물 환경오염방지 감독 관리부서의 현장검사를 거절할 경우, 현장검사 집행부서가 기한 내 개선을 명한다. 개선을 거부하거나 검사 시 허위사실이 있는 경우 2,000元 이상 20,000元 이하의 벌금에 처한다.

제71조 대규모 축산업에 종사하는 자가 국가 관련 규정에 따라 가축류의 분뇨를 수거・보관・처리하지 아니하여 환경오염을 초래한 경우, 현급 이상 지방인민정부 환경보호 행정주관부서는 기한 내 개선을 명하고 50,000元 이하의 벌금에 처할 수 있다.

제72조 이 법의 규정을 위반하여 도태된 설비를 생산・판매・수입 또는 사용한 경우 또는 도태된 생산 공법을 채용한 경우, 현급 이상 인민정부 경제종합거시조정부서는 개선을 명한다. 상황이 심각한 경우 현급 이상 인민정부 경제종합거시조정부서는 의견을 제출하며 동급 인민정부에 보고하여 국무원이 규정한 권한에 따라 영업정지 또는 폐업 조치를 취하도록 한다.

제73조 광미, 맥석, 폐석 등 광산 고형폐기물 보관시설의 사용을 중지한 후, 국가 관련 규정에 따라 보관 장소를 폐쇄하지 않은 경우, 현급 이상 지방인민정부 환경보호 행정주관부서는 기한 내 개선을 명하고 50,000元 이상 200,000元 이하의 벌금에 처할 수 있다.

제74조 이 법의 도시생활폐기물 환경오염방지 관련 규정을 위반하여 아래 행위 중 하나에 해당될 경우, 현급 이상 지방인민정부 환경보호 행정주관부서는 위법행위를 중지하고 기한 내 개선을 명하며 벌금에 처한다.

(1) 생활폐기물을 마음대로 아무 곳에나 버리거나 또는 쌓아두는 경우
(2) 생활폐기물 처리시설 및 장소를 임의로 폐쇄, 방치 또는 철거한 경우
(3) 공정 시공사업자가 공사 과정 중 발생된 고형폐기물을 제때에 수거하지 않아 환경오염을 초래한 경우
(4) 공정 시공사업자가 환경위생행정 주관부서의 규정에 의하지 아니하고 공사 과정에서 발생된 고형폐기물을 이용 또는 처리한 경우
(5) 운송과정에서 생활폐기물을 도로변에 버리거나 흩날린 경우

사업자는 전항의 (1), (3), (5) 항의 행위 중 하나에 해당되는 경우 5,000元 이상 50,000元 이하의 벌금에 처하며, 전 항의 (2), (4) 항의 행위 중 하나에 해당되는 경우 10,000元 이상 100,000元 이하의 벌금에 처한다. 개인이 전 항의 (1), (5)항의 행위 중 하나에 해당될 경우 200元 이하의 벌금에 처한다.

제75조 이 법의 위험폐기물 환경오염방지 관련 규정을 위반하여 아래 행위 중 하나에 해당될 경우, 현급 이상 인민정부 환경보호 행정주관부서는 위법행위의 중지와 기한 내 개선을 명하고 벌금에 처한다.

(1) 위험폐기물 식별표지를 설치하지 않은 경우
(2) 국가규정에 의한 위험폐기물 신고등록을 하지 않거나 또는 허위로 신고등록을 한 경우
(3) 위험폐기물 집중처리시설 및 장소를 임의로 폐쇄, 방치, 철거한 경우
(4) 국가규정에 따라 위험폐기물 오염배출비용을 납부하지 않은 경우
(5) 위험폐기물을 경영허가증이 없는 회사에 제공하거나 위탁하여 영업활동을 한 경우
(6) 국가관련 규정에 따라 위험폐기물 이동전표를 기재하지 않거나 또는 허가를 받지 않고 위험폐기물을 이동한 경우
(7) 위험폐기물을 비(非)위험폐기물과 혼합하여 보관한 경우
(8) 안전한 처리를 거치지 않고 서로 혼합할 수 없는 성질의 위험폐기물을 혼합하여 수거 보관 운송 및 처리한 경우
(9) 위험폐기물을 여객과 함께 동일 운송도구로 운반한 경우
(10) 오염처리를 하지 않고 위험폐기물을 수거, 보관, 운송, 처리하는 장소, 시설, 설비, 용기, 포장물 및 기타제품을 타 용도로 사용한 경우
(11) 상응한 방지조치를 취하지 않아 위험폐기물이 흩날리거나 유실되거나 침투되거나 또는 기타 환경을 오염시킨 경우

(12) 운송과정에서 위험폐기물을 도로에 버리거나 흩날린 경우

(13) 위험폐기물 돌발사고 방지조치나 응급처리방안을 제정하지 않은 경우

전 항 (1), (2), (7), (8), (9), (10), (11), (12), (13) 항의 하나에 해당되는 경우 10,000元 이상 100,000元 이하의 벌금에 처한다. 전 항 (3), (5), (6) 항의 하나에 해당되는 경우 20,000元 이상 200,000元 이하의 벌금에 처한다. (4)항의 행위에 해당되는 경우 기한 내 납부하되, 기한이 지나도록 납부하지 않은 경우, 응당 납부하여야 할 위험폐기물 오염배출비용의 1배 이상 3배 이하의 벌금에 처한다.

제76조 이 법의 규정을 위반하여 위험폐기물 발생자가 그 발생된 위험폐기물을 처리하지 않고 또 법에 의거 부담해야 할 처리비용을 책임지지 않는 경우 현급 이상 지방인민정부 환경보호 행정주관부서는 기한 내 개선을 명하고, 대집행비용의 1배 이상 3배 이하의 벌금에 처한다.

제77조 경영허가증 없이 또는 경영허가증의 규정에 의하지 아니하고 위험폐기물을 수집 보관 이용 처리하는 등 경영활동에 종사하는 경우, 현급 이상 인민정부 환경보호 행정주관부서가 위법행위의 중지를 명하고 위법소득을 몰수하며, 아울러 위법소득의 3배 이하의 벌금에 처할 수 있다.

경영허가증의 규정에 의하지 아니하고 전항에 규정된 활동에 종사하는 경우 허가증 발급기관은 허가증을 몰수할 수 있다.

제78조 이 법의 규정을 위반하여 중화인민공화국 국외의 고형폐기물을 국내로 반입하여 투기하거나 쌓아두거나 처리하는 경우, 수입이 금지된 고형폐기물을 수입하거나 또는 허가를 받지 않고 임의로 수입을 제한하는 고형폐기물을 수입하여 원료로 사용할 경우, 세관은 동 고형폐기물의 반송을 명하고 아울러 100,000元 이상 1,000,000元 이하의 벌금에 처할 수 있다. 범죄를 구성한 경우에는 법에 의거 형사책임을 추궁한다. 수입자가 명확하지 않을 경우, 운송업자가 동 고형폐기물의 반송을 책임지거나 또는 동 고형폐기물의 처리비용을 책임진다.

세관감독을 피하여 중화인민공화국 경계 외의 고형폐기물을 경내로 반입한 경우로서 범죄를 구성한 경우 법에 의거 형사책임을 추궁한다.

제79조 이 법의 규정을 위반하여 중화인민공화국 경내를 통과하여 위험폐기물을 반입하는 경우 세관이 동 위험폐기물을 반송하도록 명하고 50,000元 이상 500,000元 이하의 벌금에 처벌할 수 있다.

제80조 불법으로 고형폐기물이 국경을 통과하여 들어온 경우 성급이상 인민정부 환경보호 행정주관부서는 법에 따라 세관에 그 처리의견을 제출하고, 세관은 이 법 제68조의 규정에 따라 처벌을 결정하여야 한다. 이미 발생된 환경오염에 대하여는 성급이상 인민정부 환경보호 행정주관부서가 수입자에게 오염제거명령을 내린다.

제81조 이 법의 규정을 위반하여 고형폐기물로 인한 심각한 환경오염이 발생한 경우, 현급 이상 인민정부 환경보호 행정주관부서는 국무원이 부여한 권한에 따라 기한 내 개선을 결정한다. 기한이 지나도록 개선임무를 완수하지 아니한 경우에는 인민정부가 영업정지 또는 폐업을 결정한다.

제82조 이 법의 규정을 위반하여 고형폐기물로 인한 환경오염사고가 발생한 경우, 현급 이상 인민정부 환경보호 행정주관부서는 20,000元 이상 200,000元 이하의 벌금에 처한다. 중대한 환경오염사고가 발생한 경우, 직접 손실금액의 30%에 해당되는 벌금을 부과하되 벌금액은 1,000,000元을 초과하지 못한다. 아울러 주된 책임자와 기타 직접책임이 있는 자에 대해 행정 처벌한다. 고형폐기물로 인해 중대한 환경오염사고가 발생했을 경우, 현급 이상 인민정부는 국무원이 부여한 권한에 따라 영업정지 또는 폐업을 결정한다.

제83조 이 법의 규정을 위반하여 위험폐기물을 수집・보관・이용・처리함으로써 중대한 환경오염사고가 발생하고 범죄를 구성한 경우 법에 의거 형사책임을 추궁한다.

제84조 고형폐기물 오염으로 인해 손해를 입은 사업자는 관련 법률의 규정에 의거 손실배상을 요구할 권한을 가진다.
배상책임 및 배상금액의 분쟁과 관련하여 당사자의 청구에 의거 환경행정 주관부서 또는 기타 고형폐기물 환경오염 방지사업 감독 관리부서가 조정, 처리할 수 있다. 조정이 이루어지지 않는 경우 당사자는 인민법원에 소송을 제기할 수 있다. 당사자도 직접 인민법원에 소송을 제기할 수 있다.
국가는 법률자문기구가 고형폐기물 환경오염 소송 중의 피해자에 대하여 법률적 지원을 하도록 격려한다.

제85조 고형폐기물로 인하여 환경오염이 발생했을 경우 반드시 위해를 제거하고 관련 법률의 규정에 의거 손실을 배상하며, 아울러 환경을 원상태로 복구시키는 조치를 취해야 한다.

제86조 고형폐기물에 의한 환경오염으로 인하여 야기된 손해배상소송의 경우, 가해자가 법률규정에 의거하여 받은 면책사유 및 그 행위와 손해결과 사이에는 인과관계에 대한 입증책임이 존재하지 않는다.

제87조 고형폐기물로 인한 환경오염 손해배상 책임과 배상금액의 분쟁과 관련하여, 당사자는 환경모니터링 기관에 측정데이터를 제공하도록 위탁할 수 있다. 이 경우 환경모니터링 기관은 이를 수락하여야 하며, 정확한 관련 측정 데이터를 제공하여야 한다.

제6장 부칙

제88조 이 법에 나오는 아래 용어의 정의는 다음과 같다.

(1) "고형폐기물"이라 함은 생산이나 생활, 기타 활동과정에서 발생되는 원래의 이용가치를 상실하거나 또는 이용가치를 상실하지는 않았으나 포기되거나 방치된 고체상태, 반고체상태 및 용기에 존재하는 기체상태의 물품이나 물질 그리고 법률이나 행정법규 규정으로 고형폐기물로 관리하도록 나열된 물품이나 물질을 말한다.

(2) "공업고형폐기물"이라 함은 공업 생산활동 과정에서 발생되는 고형폐기물을 말한다.

(3) "생활폐기물"라 함은 일상생활 중 또는 일상생활에 제공되는 서비스 활동 중에 발생된 고형폐기물 및 법률이나 행정법규에서 생활폐기물로 간주하는 고형폐기물을 말한다.

(4) "위험폐기물"이라 함은 국가위험폐기물 목록에 나열되었거나 또는 국가가 규정한 위험폐기물 감별 표준과 감별 방법에 의거 인정된 위험특성을 갖는 고형폐기물을 말한다.

(5) "보관"이라 함은 고형폐기물을 임시적으로 특정시설 또는 장소에 보관하는 활동을 말한다.

(6) "처리"라 함은 고형폐기물 소각 및 기타 고형폐기물의 물리적, 화학적, 생물학적 특성을 바꾸는 방법을 이용하여 이미 발생된 고형폐기물의 수량을 감소시키거나 또는 고형폐기물의 체적을 줄이거나 또는 그 위해 성분을 감소 또는 제거하는 활동을 말하며, 또는 고형폐기물을 환경보호를 위한 규정된 요구에 부합되는 매립지에 최종 처리하는 활동을 말한다.

(7) "이용"이라 함은 고형폐기물에서 물질을 추출하여 원자재 또는 연료로 사용하는 활동을 말한다.

제89조 액상폐기물의 오염 방지는 이 법을 적용한다. 다만, 수역으로 배출된 폐수의 오염방지는 관련 법률을 적용하며 이 법을 적용하지 아니 한다.

제90조 중화인민공화국이 체결하거나 참가한 고형폐기물 환경오염방지에 관한 국제조약과 이 법에 서로 상이한 규정이 있는 경우에는 국제조약의 규정을 적용한다. 다만, 중화인민공화국이 조약을 유보하는 성명을 한 것은 제외한다.

제91조 이 법은 2005년 4월 1일부터 시행한다.

5.2 고형폐기물 판정 기준

고형폐기물에 해당하는지를 판정하는 기준은 다음과 같다.

고형폐기물인지의 판정은 우선 중화인민공화국 고형폐기물 환경오염방지법(中华人民共和国固体废物污染环境防治法) 중의 정의로 판단한다.

그 다음으로는 고형폐기물 감별기준(固体废物鉴别导则, 2006)에서 예를 든 범위로 판단한다.

위 두 가지로도 판단이 어려운 경우에는 감별기준의 제3부분에 따라 판정한다.

5.2.1 고형폐기물의 정의

"고형폐기물"이라 함은 생산이나 생활, 기타 활동과정에서 발생되는 원래의 이용가치를 상실하거나 또는 이용가치를 상실하지는 않았으나 포기되거나 방치된 고체상태, 반고체상태 및 용기에 존재하는 기체상태의 물품이나 물질 그리고 법률이나 행정법규 규정으로 고형폐기물로 관리하도록 나열된 물품이나 물질을 말한다.

5.2.2 고형폐기물의 범위

(1)에 나열된 물질 혹은 물품이거나, (2)에 포함되지 않았으면 고형폐기물이다. (2)에 포함된 물질은 고형폐기물이 아니다.

(1) 고형폐기물에 포함되는 물질, 물품 혹은 재료

- 가정에서 수집된 폐기물
- 생산과정 중 발생한 폐기된 물질
- 실험실에서 발생한 폐기물질
- 사무실에서 발생한 폐기된 물질

- 하수처리 슬러지, 생활폐기물 처리시설에서 발생한 잔재물
- 기타 오염제어시설에서 발생한 폐기물, 슬래그, 슬러지
- 도시하천 준설 슬러지
- 불량 제품(원래 용도로 계속 사용하는 것은 제외)
- 모조제품
- 소유자나 대표자가 폐기물이라고 선언한 물질 혹은 물품
- 오염된 재료(예를 들어, PCBs에 오염된 유류)
- 법에 의해 사용이 금지된 재료, 물질 혹은 물품
- 국무원 환경보호 행정주관 부분 성명에서 고형폐기물이라고 한 것

(2) 고형폐기물에 포함되지 않는 물질 혹은 물품

- 방사성 폐기물
- 보관하지 않고 현장에서 직접 원래 생산 공정으로 반송하였거나, 생산공정의 물질 혹은 물품으로 반송된 것
- 원래 목적으로 사용되는 모든 물질이나 물품
- 실험실용 샘플
- 국무원 환경보호 행정주관 부분이 고형폐기물로 관리하는 물질 혹은 물품이 아니라고 승인한 기타 물질

(3) 고형폐기물과 비고형폐기물의 판정 기준

① 처리방법과 발생원인에 따른 폐기물의 판정

아래의 처리방법과 발생원인에 따라 폐기물 여부를 판정한다.

만약 한 개 물질이나 물품, 재료를 다음 표에서 예를 든 처리방법으로 처리하고, 발생원인 중의 한 개 이상을 만족하는 경우 고형폐기물로 판정할 수 있다. 이 두 가지 표는 결합하여 함께 사용하여야 하며, 단독으로 판정할 수 없다.

처리방법

번호	보관 및 처리방법	번호	재활용 방법
D1	지하 혹은 지상에 두는 처리(예, 매립)	R1	연료로 사용(스팀 생산 포함)
D2	토지처리	R2	유기물질의 회수/재생
D3	심층주입	R3	금속, 금속화합물의 재순환/회수

번호	보관 및 처리방법	번호	재활용 방법
D4	지표 저장	R4	기타 무기물질의 재순환/회수
D5	안전매립	R5	산, 알칼리의 재생
D6	해양배출	R6	오염물질을 제거한 후 회수하여 사용
D7	소각, 에너지 회수기능이 있으나 처리를 목적으로 하는 소각과 시멘트 킬른 포함	R7	촉매제 성분의 회수
D8	영구보관, 광산의 심정에서 용기에 보관	R8	폐오일의 정제 혹은 다른 방법으로의 사용
D9	보관 및 처분 전의 혼합, 재포장, 임시보관	R9	농업이나 생태환경을 개선하기 위한 토지처리
D10	보관, 처분할 필요가 있는 화합물 혹은 혼합물의 물리화학적 생물학적 처리	R10	발생한 잔여물질의 재사용
D11	자연환경에 노출(자연저감방법)	R11	이용목적 물질의 교환과 축적
D12	기타 보관 및 처분 방법	R12	기타 이용 방법

폐기물의 이용/보관/처분의 원인(폐기물 종류별)

번호	원인(폐기물 종류별)
Q1	생산 혹은 소비 과정에서 발생한 잔재물
Q2	품질기준을 만족시키지 못하는 불량제품
Q3	벌금에 처해진 모조품
Q4	유통기한이 지난 제품 혹은 화학물질
Q5	누출, 유실, 기타 사고로 오염된 재료
Q6	사용 중 오염된 물질이나 물품
Q7	오염토지 복구 중에 발생한 오염물질 혹은 물품
Q8	원래의 성능을 상실한 제품(예를 들어, 폐촉매)
Q9	더 이상 유용하지 않은 물질 혹은 물품(예를 들어, 폐산, 폐용제류)
Q10	오염제어시설에서 배출된 폐기물, 잔여물, 슬러지
Q11	기계가공/연마과정에서 생성된 잔재물
Q12	원재료 가공 중에 생성된 잔재물
Q13	기타 원인

5.3 생활폐기물 매립지 오염제어 기준

중국의 폐기물 매립지 설치 및 관리기준(生活垃圾填埋场污染控制标准, 中华人民共和国国家标准 GB16889-2008)은 1997년에 제정되었으며, 2008년에 개정되었다. 아래에서는 이와 관련한 주요 내용을 정리하였다.

본 기준을 제정하는데 기여한 연구 집단으로는 중국환경과학연구원, 통지대학, 칭화대학, 도시건설연구원 등이 나열되고 있는데, 이들이 중국의 폐기물매립지와 관련된 주된 연구기관임을 알 수 있다.

본 기준의 주요내용으로는

- 매립지 입지 선정 기준
- 매립지 설계, 시공, 검사 기준
- 매립폐기물 반입 기준
- 매립지 운영 기준
- 매립지 사후관리 기준
- 오염물질 배출 제어 기준
- 환경오염 감시 기준

등이 포함되어 있다.

5.3.1 매립지 설계, 시공, 검사 기준

1) 차단층 기준

- 원지반층 : 투수계수 1.0×10^{-7} cm/s 이하, 두께 2 m 이상
- 원지반층의 투수계수 1.0×10^{-5} cm/s 이하이고, 두께 2 m 이상인 경우 그 위에 두께 0.75 m, 투수계수 1.0×10^{-7} cm/s 이하인 단층의 인공합성재료 차단층을 추가할 수 있다.
- 원지반층의 투수계수 1.0×10^{-5} cm/s 이하이면서, 두께 2 m 미만인 경우 그 위에 2층의 인공차수층(두께 0.75 m, 투수계수 1.0×10^{-7} cm/s 이하인 점토층 혹

은 동등한 재료층)을 추가해야 한다.
- 2층의 인공차수층 사이에는 집배수층과 누출 감시층이 설치되어야 한다.

2) 침출수 집배수층

- 차수층 위의 침출수 누적수위는 30 cm 이하를 유지할 수 있는 구조여야 한다.
- 침출수 누적수위를 감시하기 위한 검사정을 매립지 내에 설치하여야 한다.

3) 침출수 처리시설

- 침출수 처리시설을 설치하고, 침출수 유량조정조는 악취 발산을 방지하기 위해 뚜껑을 덮어야 한다.

4) 지하수 배제

- 원지반층은 연 최고 지하수위보다 1 m 이상 높이 위치하여야 한다.
- 지하수위가 원지반층 아래 1 m 이상 이격되지 않는 경우에는 지하수 배제층을 설치하여야 하며, 매립지 운영시 및 사후관리시 원지반층 아래 1 m 이상 이격하도록 유지하여야 한다.

5) 매립가스 처리

- 매립가스를 추출할 수 있는 시설을 설치하여 매립 중과 매립 종료 후에 유지 관리하여야 하며, 추출한 매립가스는 이용하거나 소각하여야 한다.
- 설계매립량이 250만톤 이상이고, 매립고가 20 m 이상인 생활폐기물 매립지는 메탄 이용시설 혹은 소각시설을 설치하여야 한다.

6) 매립지 주변 녹화격리대 설치

- 매립지 경계 주변에는 최소 10 m 이상 길이의 녹지대를 설치하여 주변과 격리하여야 한다.

5.3.2 매립폐기물 반입 기준

1) 직접 매립이 가능한 폐기물

- 청소수집업자나 개인이 수집한 혼합생활폐기물(사업장 생활계 폐기물 포함)
- 폐기물 소각재(비산재는 포함하지 않음)
- 생활폐기물 퇴비화 과정에서 생산된 잔재물
- 의류가공, 식품가공 및 기타 서비스 산업에서 생산된 생활폐기물과 성질이 유사한 일반 산업폐기물

2) 의료폐기물 분류 목록 중 감염성 폐기물을 아래 방식으로 처리한 것은 생활폐기물 매립지에 반입이 가능하다.

- HJ/T228 조항에 의해 파쇄 후 화학소독 처리하고, 소독효과 검사기준을 만족하는 것
- HJ/T229 조항에 의해 파쇄 후 마이크로파로 소독 처리하고, 소독효과 검사기준을 만족하는 것
- HJ/T276 조항에 의해 파쇄 후 고온 증기 처리하고, 소독효과 검사기준을 만족하는 것
- 의료폐기물을 소각처리한 후 발생한 소각재가 아래의 생활폐기물 매립지 반입허가 기준을 만족하는 경우

3) 생활폐기물 소각장 비산재와 의료폐기물 소각재(바닥재, 비산재)의 생활폐기물 매립지 반입허가 기준

- 함수율 30% 이하
- 다이옥신 함량 : 3μg TEQ/kg
- HJ/T300 조항에 의해 용출액의 농도가 다음 표의 농도 이하일 것

<용출액의 오염물질 농도 기준치>

번호	항목	기준농도(mg/L)	번호	항목	기준농도(mg/L)
1	수은	0.05	7	바륨	25
2	구리	40	8	니켈	0.25
3	아연	100	9	비소	0.3
4	납	0.25	10	총크롬	4.5
5	카드뮴	0.15	11	6가크롬	1.5
6	베릴륨	0.02	12	셀레늄	0.1

4) 일반공업고형폐기물을 처리한 후 HJ/T300 조항에 의해 용출액의 농도가 기준치 이하일 때 생활폐기물 매립지에 매립할 수 있다.

5) 3),4)를 생활폐기물 매립지에 매립하는 경우 따로 구획하여 매립하여야 한다.

6) 혐기성 소화처리 후의 잔재물, 분뇨처리 및 생활하수 처리 후의 슬러지를 매립하고자 하는 경우 함수율은 60% 이하로 하여야 매립지로 반입할 수 있다.

7) 생활폐기물 매립지에 매립이 불가능한 폐기물
- 생활폐기물 소각장 비산재 중 위의 용출시험 기준을 만족시키지 못하는 위험폐기물
- 처리하지 않은 음식물 폐기물
- 처리하지 않은 분뇨
- 가축분뇨
- 전자폐기물 및 처리시 발생한 잔재물
- 매립지에서 발생한 침출수 이외의 액체 폐기물 및 폐수

5.3.3 침출수 배출허용 기준

신설매립지는 2008년 7월 1일부터 다음의 기준을 만족하도록 매립지를 설계, 운영하여야 하며, 기존의 운영 중인 매립지의 경우에도 2011년 7월 11일부터 배출 기준을 만족시켜야 한다.

중국의 특별기준은 환경적으로 취약하거나 환경용량이 작아서 심각한 환경오염문제가 쉽게 발생할 수 있는 지역에 적용하는 보다 엄격한 제어기준을 별도로 제시하고 있다.

하지만, 중국의 침출수 배출허용기준을 우리나라와 비교할 때 색도, COD, 총질소, 암모니아성 질소 등의 항목이 지나치게 높아서 실효성이 다소 의문시되고 있다.

번호	항 목	중국 배출기준		한국 배출기준 *
		배출기준	특별기준	
1	색도(희석배수)	40	30	200～300
2	COD_{Cr}(mg/L)	100	60	400～800
3	BOD(mg/L)	30	20	30～70
4	SS(mg/L)	30	30	30～70
5	총질소(mg/L)	40	20	150～300
6	암모니아성 질소(mg/L)	25	8	50～100
7	총인(mg/L)	3	1.5	4～8
8	분변성 대장균균수(개/L)	10,000	1,000	100,000～3,000,000
9	수은(mg/L)	0.001	0.001	ND～0.005
10	카드뮴(mg/L)	0.01	0.01	0.02～0.1
11	총크롬(mg/L)	0.1	0.1	0.5～2
12	6가크롬(mg/L)	0.05	0.05	0.1～0.5
13	비소(mg/L)	0.1	0.1	0.1～0.5
14	납(mg/L)	0.1	0.1	0.2～1

* 한국의 경우 청정지역 기준과 나지역 기준값의 범위를 함께 제시하였으며, 중국 기준에 있는 항목만 제시함.

5.4 생활폐기물 소각로 오염제어 기준

중국의 생활폐기물 소각로 오염물질 제어기준(生活垃圾焚烧污染控制标准, 中华人民共和国国家标准 GB18485-2001)은 2001년에 제정되어, 2002년부터 실시되고 있다.

다음에 주요 내용을 정리하였다.

5.4.1 생활폐기물 소각로 시설 및 운영 기준

항목	연소실 출구온도	연소실 체류시간	소각재 강열감량	소각로 출구가스 중의 산소함량
지표	850℃ 이상	2초 이상	5% 이하*	6～12%
	1000℃ 이상	1초 이상		

* 강열감량은 600 ± 25℃에서 3시간 강열함.

<생활폐기물 소각로 시설용량에 따른 굴뚝 높이 규정>

처리량(t/d)	최저 굴뚝 높이(m)
< 100	25
100～300	40
> 300	60

반경 200 m 내에 건축물이 있는 경우 굴뚝 높이는 가장 높은 건물 높이보다 3 m 이상 높아야 하고, 이때 대기오염 배출기준은 기준치의 50% 수준으로 엄격하게 적용한다.

5.4.2 생활폐기물 소각로 대기오염물질 배출허용 기준

번호	항목	단위	측정방법	기준치*
1	분진	mg/ m^3	측정평균치	80
2	매연	링겔만법, 도	측정치**	1
3	일산화탄소	mg/ m^3	1시간 평균	150
4	질소산화물	mg/ m^3	1시간 평균	400
5	이산화황	mg/ m^3	1시간 평균	260
6	염화수소	mg/ m^3	1시간 평균	75
7	수은	mg/ m^3	측정평균치	0.2
8	카드뮴	mg/ m^3	측정평균치	0.1
9	납	mg/ m^3	측정평균치	1.6
10	다이옥신류	ng TEQ/ m^3	측정평균치	1.0

* 표준산소농도 11 % 기준
** 매연 농도가 최고인 시간 중에서 5분 이내에서 측정

5.5 위험폐기물 판정 기준 – 용출시험

중국의 위험폐기물 판정기준(危险废物鉴别标准, GB5085.3-2007)은 아래와 같이 총 7부분으로 구성되어 있다.

- 총칙
- 부식성 판정
- 급성독성 스크리닝
- 침출독성 판정
- 인화성 판정
- 반응성 판정
- 독성물질 함량 판정

본 절에서는 용출시험을 기준으로 서술하고자 한다.

현재의 용출시험은 1996년의 기준이 개정(GB5085.3-1996)된 것으로 당초 14개 항목이었던 것이 50개 항목으로 증가되었다. 새로 추가된 주요 항목들은 유기독성물질류이다.

HJ/T299에 따라 얻어진 고형폐기물 침출액 중에 아래 표의 기준치를 한 가지라도 초과하는 경우 위험폐기물로 판정한다.

5.5.1 침출독성 감별 기준치

번호	위험 성분항목	침출액 중 위해성분 농도 한계(mg/L)	분석방법
무기원소 및 그 화합물			
1	구리	100	부록 A, B, C, D
2	아연	100	부록 A, B, C, D
3	카드뮴	1	부록 A, B, C, D
4	납	5	부록 A, B, C, D
5	총 크롬	15	부록 A, B, C, D
6	6가 크롬	5	GB/T 15555.4-1995
7	알킬수은	불검출*	GB/T 14204-93
8	수은	0.1	부록 B
9	베릴륨	0.02	부록 A, B, C, D
10	바륨	100	부록 A, B, C, D
11	니켈	5	부록 A, B, C, D
12	총은	5	부록 A, B, C, D
13	비소	5	부록 C, E
14	셀레늄	1	부록 B, C, E
15	무기불화물(불화칼슘 불포함)	5	부록 F
16	시안	1	부록 G
유기농약류			
17	DDT	0.1	부록 H
18	BHC	0.5	부록 H
19	다이메토에이트	8	부록 I
20	파라티온	0.3	부록 I

번호	위험 성분항목	침출액 중 위해성분 농도 한계(mg/L)	분석방법
21	메틸파라티온	0.2	부록 I
22	말라티온	5	부록 I
23	콜로데인	2	부록 H
24	헥사클로로벤젠	5	부록 H
25	톡사펜	3	부록 H
26	미렉스	0.05	부록 H
비휘발성 유기화합물			
27	니트로벤젠	20	부록 J
28	디니트로벤젠	20	부록 K
29	니트로클로로벤젠	5	부록 L
30	2,4-디니트로벤젠	5	부록 L
31	PCP 및 sodium pentachlorophenol	50	부록 L
32	페놀	3	부록 K
33	2,4-dichlorophenol	6	부록 K
34	2,4,6-trichlorophenol	6	부록 K
35	벤조피렌	0.0003	부록 K, M
36	디부틸 프탈레이트	2	부록 K
37	옥틸 프탈레이트	3	부록 L
38	PCBs	0.002	부록 N
휘발성 유기화합물			
39	벤젠	1	부록 O, P, Q
40	톨루엔	1	부록 O, P, Q
41	에틸벤젠	4	부록 P
42	자일렌	4	부록 O, P
43	클로로벤젠	2	부록 O, P
44	1,2-디클로로벤젠	4	부록 K, O, P, R
45	1,4-디클로로벤젠	4	부록 K, O, P, R
46	아크릴로니트릴	20	부록 O
47	클로로포름	3	부록 Q
48	사염화탄소	0.3	부록 Q
49	트리클로로에틸렌	3	부록 Q
50	테트라클로로에틸렌	1	부록 Q

* 불검출은 메틸수은 < 10 ng/L, 에틸수은 < 20 ng/L 이하를 말함.
분석방법의 '부록'은 위험폐기물 판정기준의 부록을 말한다.

5.5.2 시료채취 방법[13)]

시료채취 지점과 시료채취 방법은 HJ/T298을 따른다.

무기원소 및 기타화합물 시료(6가크롬, 무기불화물, 시안화합물 제외)의 전처리 방법은 위험폐기물 판정기준 침출독성 감별 부록 S를 참조한다. 6가크롬과 그 화합물 시료의 전처리 방법은 부록 T를 참조한다.

유기시료의 전처리 방법은 부록 U, V, W를 참조한다.

5.5.3 용출시험 방법[14)]

1) 원리

본 방법은 질산/황산 혼합용액을 용출액으로 하여 폐기물을 매립하였을 때 산성강우의 영향 아래서 폐기물 중에서 용출되어 나오는 것을 모사한 것이다.

2) 용출액

① 용출액 1

질량비를 2 : 1로 한 질산원액과 황산원액 혼합액을 정제수에 넣어서(1 L에 약 2방울) pH가 3.20 ± 0.05가 되도록 한다. 이 용출액은 시료 중의 중금속과 반휘발성 유기물의 침출독성 측정에 사용한다.

② 용출액 2

정제수는 시안화합물과 휘발성 유기물의 침출독성 측정에 사용한다.

3) 실험장치

① 진탕설비 : 분당 30 ± 2 회전하는 상하 반전식 진탕설비

---

13) 危险废物鉴别标准 浸出毒性鉴别, 中华人民共和国国家标准 GB5085.3-2007, 国家环境保护总局, 国家质量监督检验检疫总局(2007)

14) 固体废物 浸出毒性浸出方法 硫酸硝酸法 HJ/T299-2007, 国家环境保护总局(2006)

② 추출용기

- Zero-Headspace Extraction 용기(ZHE) : 500～600 mL, 시료 중 휘발성 물질의 침출시험시 사용
- 추출병 : 2 L의 겉뚜껑과 속뚜껑이 있는 입구가 넓은 병으로서 시료 중의 비휘발성과 반휘발성 물질측정시 사용한다. 무기물질의 분석시에는 유리병 혹은 폴리에틸렌병을 사용하며, 유기물질 분석시에는 유리병이나 PTFE병을 사용한다.

③ 여과장치

- Zero-Headspace Extraction(ZHE) 용기 : 분석시료 중에 휘발성 물질이 있는 경우 ZHE를 이용하여 여과
- 진공여과장치 혹은 압력식 여과장치 : 용적 ≥ 1 L
- 여과막 : 공극 0.6～0.8μm인 여과막
  - pH 미터 : 25℃에서 정밀도 ± 0.05인 것
  - ZHE 침출액 채집 장치 : ZHE 장치 사용시 유리병, 스테인리스 용기, 혹은 PTFE로 제작한 500 ml 주사기로 초기 액상 혹은 최종의 침출액 500 mL를 채집
  - ZHE 용출액 이동 장치 : 용출액의 성질을 변하게 하지 않는 설비로 peristaltic pump, 주사기, 정압여과기 혹은 기타 ZHE 장치 등을 포함함
  - 실험저울 : 정밀도 ± 0.01 g
  - 비이커 혹은 삼각플라스크 : 500 mL 유리병
  - 시계접시 : 비이커나 삼각플라스크를 덮을 수 있는 크기
  - 체 : 테플론으로 코팅된 공극 9.5 mm인 것

4) 시료의 보관과 처리

- 시료는 4℃에서 냉장보관
- 시료에서 휘발성분을 측정하고자 하는 경우 시료 채취와 보관과정은 합당한 방식으로 휘발성 물질의 손실을 방지할 수 있도록 해야 한다. 금속성분의 침출액의 보관 전에는 질산으로 pH 2 이하로 한 후 보관하여야 한다. 유기성분의 침출액을 보관시에는 공기와 접촉하지 않도록 바로 head space가 없도록 해서 보관한다.

5) 용출시험 순서

① 함수율 측정

- 50~100 g의 시료를 뚜껑이 있는 용기에서 105℃에서 건조시킨다. 무게가 항량이 될 때까지(2차례 측정값의 오차가 1% 이내가 될 때까지) 건조시킨 후 시료의 함수율을 측정한다.
- 시료가 액상인 경우 압력여과를 하고, 여과케익을 함수율을 분석하되, 함수율 계산은 총시료량에 기초하여 계산한다.
- 함수율 측정을 한 시료는 용출시험에 사용하지 않도록 한다.

② 시료파쇄

- 시료는 9.5 mm 체를 통과할 수 있도록 파쇄한다.
- 측정시료 중에 휘발성 유기물질이 있는 경우 체로 칠 때 측정성분의 손실을 막기 위해 자로 입경을 측정하도록 한다. 시료와 파쇄공구는 냉각하도록 하고 시료가 공기 중에 노출되는 것을 최소화하도록 한다.

③ 휘발성 유기물질의 용출시험 절차

- 시료를 4℃까지 냉각하고, 40~50 g의 시료를 채취하여 빨리 ZHE 용기로 옮긴다. 천천히 가압하여 head space를 없앤다.
- 시료가 초기에 액상인 경우 침출액 채집장치를 ZHE 용기와 연결하여 여과액이 유출되지 않을 때까지 천천히 압력을 높이고, 수집된 최초 액상용액은 냉장보관한다.
- 시료 중의 건조고체 백분율이 9% 이하이면 최초에 얻어진 액상용액을 침출액으로 하여 바로 분석한다. 건조고체 백분율이 9% 이상이면 이하의 용출시험 과정을 계속 진행하며 초기에 얻어진 액상용액과 침출액을 혼합한 후 분석한다.
- 시료의 함수율에 근거하여 액체 : 고체 비를 10 : 1 (L/kg)로 계산하여 필요한 용출액의 부피를 계산한다. 용출액 이동장치를 이용하여 용출액 2를 ZHE 용기에 천천히 넣고 가압하여 head space를 없앤다. 이후 모든 밸브를 잠근다.
- ZHE 용기를 진탕설비에 고정시키고 반전속도를 30 ± 2 rpm으로 하고, 23 ± 2℃에서 18 ± 2시간 동안 진탕한다. 진탕을 정지한 후에는 ZHE에서 공기가 새는지를 검사하고(만약 ZHE 용기에서 공기가 새면 시료를 새로 채취하여 실험하여야 한다) 초기에 발생한 액상용액을 담은 용기에 침출액을 모으고,

냉장 보관 후 분석한다.

④ 휘발성 유기물질을 제외한 기타 물질의 용출시험 절차

- 만약 시료가 액상물질을 함유하고 있으면 압력여과기와 여과막을 이용하여 시료를 여과한다. 건조고체 백분율이 9% 이내이면 초기 여과액을 침출액으로 하여 바로 분석한다. 건조고체 백분율이 9% 이상이면 여과 후 남은 시료를 아래 절차에 따라 침출시험을 진행하며 초기 액상과 침출액을 혼합하여 분석을 한다.
- 시료를 150～200 g 무게를 달아 2 L 추출용기에 담고 시료의 함수율에 근거하여 액체 : 고체 비를 10 : 1 (L/kg)로 계산하여 필요한 용출액의 부피를 계산한다. 용출액 1을 넣고, 뚜껑을 닫은 후 반전식 진탕장치에 고정시킨다. 반전속도를 30 ± 2 rpm으로 하고, 23 ± 2℃에서 18 ± 2시간 동안 진탕한다. 진탕과정 중에 기체가 발생하면 정해진 시간에 추출용기의 뚜껑을 열어서 내부의 압력을 낮추도록 한다.
- 압력여과기에 여과막을 놓고, 희석한 질산용액으로 여과기와 여과막을 세척하고 이는 버리며, 이후 침출액은 여과한 후 4℃에서 보관한다.
- digestion이 측정할 금속의 손실을 일으키지 않는다면, 분석할 금속성분의 침출액은 분석방법이 요구하는 대로 digestion 하도록 한다.

6) 한국-미국-중국의 용출시험방법 비교

한국, 미국, 중국의 용출시험방법을 간략히 비교하면 다음 표와 같다. 중국은 미국의 TCLP 시험방법을 많이 준용한 것으로 보이나, 일부 시험방법은 상이한 내용도 있음을 볼 수 있다.

〈표 5.1〉 한국-미국-중국의 용출시험방법 비교

항 목	한국	미국	중국
시료제조방법	입경 0.5～5 mm인 것 사용	9.5 mm 이하	9.5 mm 이하
사용시료량	100 g 이상	25 g(휘발성 유기물질 분석시) 100 g 이상(그 외)	40～50 g(휘발성 유기물질 분석시) 150～200 g(그 외)
용출액의 조제	• 정제수에 염산을 pH 5.8～6.3으로 한 용매	• 추출용매 1(시료 pH 5 이하) : 초산과 NaOH로 pH	• 질산원액과 황산원액 혼합액(질량비로 2 : 1)을 정제

		4.93 ± 0.05로 맞춤 • 추출용매 2(시료 pH 5 이상) : 초산으로 pH 2.88 ± 0.05로 맞춤	수에 넣어서(1 L에 약 2방울) pH 3.20 ± 0.05로 조절
시료와 용출액의 고액비	1 : 10 (W : V)	1 : 20 (W : V)	1 : 10 (W : V) (고형물은 건조 무게기준)
용출조작	상온, 상압에서 진탕회수 200 rpm, 진폭 4～5 cm의 진탕기를 사용	분당 30 ± 2 회전하는 상하 반전식 진탕설비	분당 30 ± 2 회전하는 상하 반전식 진탕설비
용출시간	6시간	18시간	18±2시간
용출시험용 검액	• 1 μm의 유리섬유여지로 여과 • 여과가 어려운 경우 원심분리기를 이용하여 3,000 rpm 이상으로 20분간 원심분리한 후 상등액을 취함.	• 0.6～0.8 μm의 glass fiber filter로 여과 • 휘발성 유기물질이 있는 경우 ZHE를 사용하며, 압력 여과함.	• 공극 0.6～0.8 μm인 여과막 • 휘발성 유기물질이 있는 경우 ZHE를 사용하며, 압력 여과함.
판정 항목의 수	11	40	50

5.6 생활폐기물 매립장 무해화 평가 기준

(CJJ/T107 – 2005)

본 평가기준은 중국의 생활폐기물 매립지의 건설 및 운영시 적용되는 것으로 이에 근거하여 I급 및 II급 매립지로 분류하고 있다.

매립지 건설과 관련한 내용으로는 매립지 사용연한, 입지선정, 차수시설, 침출수 집배수 및 처리시설, 우수 집배수 시설, 매립지 가스 수집 및 처리, 관측정, 각종 설비 배치 등이 있다.

매립지 운영과 관련한 내용으로는 반입폐기물 검사, 반입폐기물 무게 측정, cell 방식의 매립, 폐기물 다짐작업, 일일복토, 소독, 폐기물의 날림 방지, 매립작업 운영관리, 침출수 처리, 환경오염 감시, 환경영향, 안전관리, 자료 작성 및 보존 등이 있다.

5.6.1 평가방법

평가는 자료평가와 현장평가로 이루어지며, 평가받는 매립지는 다음의 자료를 제공하여야 한다.

① 사업제안서 및 관련 인허가 서류
② 타당성보고서 및 관련 인허가 서류
③ 환경영향평가 보고서 및 관련 인허가 서류
④ 수리지질학적 조사보고서
⑤ 설계서류, 도면, 설계변경자료
⑥ 시공기록 및 준공검사자료
⑦ 운영관련자료(매립량, 복토, 소독, 운영 매뉴얼 등)
⑧ 환경질 관측 자료
⑨ 위탁운영 관련 계약서
⑩ 기타 제공을 요구받는 자료

5.6.2 평가점수 계산방법

$$M = \sum \left[(100 - X_{子}) \times f_{子} \right]$$

여기서, M : 폐기물 매립장 평가 점수
$X_{子}$: 항목별 점수
$f_{子}$: 항목별 가중치

5.6.3 평가등급

매립장 등급	I급	II급	III급	IV급
평가점수 M	$M \geq 85$	$70 \leq M < 85$	$60 \leq M < 70$	$M < 60$

- I급 : 무해화 처리 요구에 도달
- II급 : 무해화 처리 요구에 기본적으로 도달
- III급 : 무해화 처리 요구에 미달, 부분적으로 오염방지시설이 설치됨
- IV급 : 단순매립, 환경오염 유발

폐기물 무해화처리량의 통계시 I, II급 폐기물 매립지에 매립되는 폐기물 양을 무해화 처리량으로 하며, III, IV급 매립지에 매립되는 매립량은 무해화 처리량에 포함시키지 않는다.

폐기물 매립지 무해화 처리율은 다음 식으로 계산한다.

$$a = \frac{m_1 + m_2}{m_{总}}$$

여기서, a : 폐기물 매립지 무해화 처리율(%)

m_1 : I급 폐기물 매립장의 매립량

m_2 : II급 폐기물 매립장의 매립량

$m_{总}$: 총 폐기물 발생량

5.6.4 폐기물 매립지 평가 내용 및 평가표

1) 폐기물 매립지 평가내용 및 평가

다음 표의 평가항목에서의 가중치를 살펴보면 침출수에 의한 환경오염 방지를 위한 차수시설, 집배수시설, 처리시설 등의 비중이 50% 이상을 차지하고 있음을 알 수 있으며, 따라서 I, II 급 매립지에 해당하지 않는 매립지는 비위생매립지에 해당함을 알 수 있다.

평가항목 및 점수	세부항목	가중치	세부평가항목 내용	항목최고점수	항목평가점수	항목만점점수	가중평가점수
A 시설설치	설계 사용 연한	0.01	10년 이상	0		100	
			8～10년	40			
			8년 이하	100			
	매립 부지	0.05	매립지 입지요구조건 부합	0		100	
			매립지 입지요구조건 부적합	100			
	침출수 차수 시설	0.30	HDPE의 최소두께가 1.5 mm인 침출수 차단층, 지하수 배제층, 차단층 상하에 보호층 설치	0		100	
			천연점토 혹은 개량토사로서 투수계수가 1.0×10^{-7} cm/s 이하이고, 두께가 최소 2 m 이상	0			
			수직차단시설만 설치된 경우	60			
			차수시설이 설치되지 않았거나, 요구조건을 만족하지 못하는 경우	100			
	침출수 집배수 및 처리 시설	0.08	바닥에 연속의 침출수 집배수층이 설치된 경우	0		100	
			바닥에 유도관 만 설치되고 연속된 집배수층이 없는 경우	30			
			어떠한 침출수 집배수층도 설치되지 않은 경우	100			
	우수/오수 분류	0.02	우수/오수 분류 시설이 설치됨	0		100	
			우수/오수 분류 시설 미설치	100			
	매립지 가스 수집 및 처리	0.05	매립지 가스 수집 및 수집된 가스의 연소 혹은 처리 시설이 설치됨	0		100	
			매립지 가스 수집 시설은 있으나, 대기 중으로 직접 배출	60			
			매립지 가스 제어시설 미설치	100			
	지하수 관측정	0.05	5개 지점에 관측정 설치 지하수 상류측 30～50 m 1공 매립지 측면 30～50 m 2공 매립지 하류 30 m, 50 m에 각 1공씩 설치	0		100	
			관측정을 설치하였으나, 수량이나 설치장소가 위 기준을 만족시키지 못하는 경우	70			
			미설치	100			

평가항목 및 점수	세부 항목	가중치	세부평가항목 내용	항목최고점수	항목 평가 점수	항목 만점 점수	가중 평가 점수
A 시설설치	설비 배치	0.03	기계설비가 기준에 맞게 구비되어 있고, 다짐장비가 갖춰진 경우	0		100	
			기타 기계설비가 기준에 맞게 구비되어 있으나, 다짐장비가 없는 경우	40			
			기타 기계설비의 구비가 완전하지 않고, 다짐장비도 없는 경우	100			
B 운영관리	반입 폐기물 검사	0.01	반입폐기물 검사에 의해 유해폐기물의 반입을 효과적으로 제어하는 경우	0		100	
			유해폐기물의 반입을 검사하지 않거나, 효과적으로 제어하지 못하는 경우	100			
	계량	0.02	무게 계량시설과 반입자료에 대한 통계기록장치가 갖춰진 경우	0		100	
			무게 계량시설은 있으나, 반입자료에 대한 통계기록장치가 없는 경우	50			
			무게 계량시설이 없는 경우	100			
	구역 매립	0.03	셀 단위로 구분하고, 셀 단위로 작업, 미매립구역과 매립구역의 우수를 별도 우수관으로 배제	0		100	
			셀 단위로 작업하지 않고, 우수와 오수가 혼합되어 배출	100			
	다짐 작업	0.03	전용토압기계를 사용하고, 기준에 따라 층별 압축 및 포장 작업을 하는 경우	0		100	
			전용 다짐장비를 사용하나, 층별 압축 작업만 하는 경우	30			
			다짐작업 미실시	90			
	일일 복토	0.02	일일복토 시행	0		100	
			일일복토 미시행	100			
	매립 폐기물 더미	0.02	매립폐기물 더미의 경사가 1 : 3 이하	0		100	
			매립폐기물 더미의 경사가 1 : 3 이상	100			
	소독	0.01	해충(모기, 파리, 쥐 등)에 대한 소독을 하고, 효과가 양호한 경우	0		100	
			해충(모기, 파리, 쥐 등)에 대한 소독을 하지 않거나, 효과가 미미한 경우	100			
	바람에 날림 제어	0.03	폐기물이 바람에 날리는 것을 방지하는 시설을 설치하였고, 관리가 양호하며, 주위에 날리는 물질이 없는 경우	0		100	
			비산방지시설이 없거나 효과가 없으며, 주위에 날리는 물질이 있는 경우	100			

평가항목 및 점수	세부 항목	가중치	세부평가항목 내용	항목최고점수	항목 평가 점수	항목 만점 점수	가중 평가 점수
B 운영관리	운영 관리	0.02	운영작업 매뉴얼, 운영장비 운영유지 매뉴얼, 부서별 담당업무, 규격화된 장내 표식이 갖춰진 경우	0		100	
			규장제도, 부서별 담당업무가 불확실하며, 규격화된 장내 표식이 없는 경우	100			
	침출수 처리	0.10	침출수 처리 후 처리수가 기준을 만족하거나 도시하수처리장으로 반입되는 경우	0		100	
			침출수 처리 후 처리수가 기준을 만족시키지 못하는 횟수의 비율이 20 % 이하인 경우	40			
			침출수 처리 후 처리수가 기준을 초과하는 횟수의 비율이 20% 이상이거나, 간이처리하여 침출수 기준에 도달하기 어려운 경우	80			
			침출수를 처리하지 않고, 바로 수계에 배출하는 경우	100			
	환경 관측	0.02	환경관측시설을 설치하고, 정기적으로 대기, 침출수, 지하수, 지표수 및 소음 등 항목의 주요지표의 관측을 실시할 수 있으며, 연속적이며, 온전하며, 정확한 관측과 보고가 가능	0		100	
			주요오염지표를 관측할 수 있으나, 기준에 의거하여 정기적으로 실시할 수 없는 경우	50			
			관측시설이 설치되지 않은 경우	100			
	환경 영향	0.06	모든 배출지표가 관측치 평균이 기준에 도달(자가측정 및 외부의 전문기관에서 측정한 것 포함)	0		100	
			배출지표 관측치가 기준에 도달하는 비율이 50∼100%인 경우	50			
			배출지표 관측치가 기준에 도달하는 비율이 50% 이하인 경우	100			
	안전 관리	0.03	안전시설과 시스템이 완전히 갖추어져 있으며, 안전사고가 발생하지 않았음.	0		100	
			안전시설과 시스템이 완전히 갖추어져 있지 않았으나, 안전사고가 발생하지는 않았음.	50			
			안전사고가 이미 발생하였거나, 사고의 위험이 있음.	100			
	자료	0.05	공식적인 자료가 완비된 경우	0		100	
			공식적인 자료가 완비되지 않음	100			

5.7 위험폐기물 전표제도

중국의 위험폐기물 전표제도는「위험폐기물 전표관리방법 (危险废物转移联单管理办法)」이 1999년에 제정되어 시행되고 있다.

전표는 5장으로 구성되어 있으며, 2장의 부표가 있어서 실제로는 7장이 있는 것과 같다.

각 전표의 전달 과정을 간단히 도표로 나타내면 <그림 5.1>과 같다.

전표의 색깔은 1 : 흰색, 2 : 붉은색, 3 : 노란색, 4 : 파란색, 5 : 녹색이다.

전표는 5년간 보관하여야 하며, 전표에는 폐기물의 명칭, 수량, 폐기물의 특성, 형태, 포장방식, 처리방법, 주요위험 성분, 금기 및 응급조치 등의 내용을 기입하도록 되어 있다.

전표에서 1부분은 폐기물 발생자가 기입하고, 2부분은 운송자가 기입하며, 3부분은 접수자(처리자)가 기입하는 부분이다.

〈그림 5.1〉
중국의 위험폐기물 전표제도 전달 과정

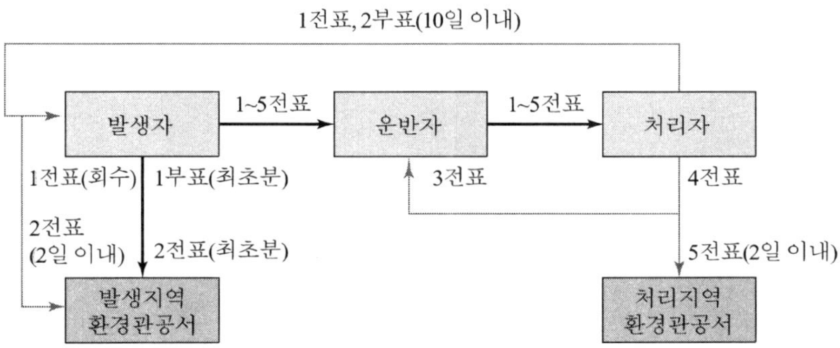

〈그림 5.2〉
중국의
위험폐기물 전표의 예

危险废物转移联单

____年____月____日　　编号

第一部分：废物产生单位填写

产生单位 ____ 单位盖章 电话 ____

通讯地址 ____ 邮编 ____

运输单位 ____ 电话 ____

通讯地址 ____ 邮编 ____

接受单位 ____ 电话 ____

通讯地址 ____ 邮编 ____

废物名称 ____ 类别编号 ____ 数量 ____

废物特性：____ 形态 ____ 包装方式 ____

外运目的：中转贮存 □ 利用 □ 处理 □ 处置 □

主要危险成分 ____ 禁忌与应急措施 ____

发运人 ____ 运达地 ____ 转移时间 ____年____月____日

第二部分：废物运输单位填写

运输者须知：你必须核对以上栏目事项，当与实际情况不符时，有权拒绝接受。

第一承运人 ____ 运输日期 ____年____月____日

车（船）型：____ 牌号 ____ 道路运输证号 ____

运输起点 ____ 经由地 ____ 运输终点 ____ 运输人签字 ____

第二承运人 ____ 运输日期 ____年____月____日

车（船）型：____ 牌号 ____ 道路运输证号 ____

运输起点 ____ 经由地 ____ 运输终点 ____ 运输人签字 ____

第三部分：废物接受单位填写

接受者须知：你必须核实以上栏目内容，当与实际情况不符时，有权拒绝接受。

经营许可证号 ____ 接收人 ____ 接收日期 ____

废物处置方式：利用 □ 贮存 □ 焚烧 □ 安全填埋 □ 其他 □

单位负责人签字 ____ 单位盖章 日期 ____

第二联副联　移出地环保局

중국의 폐기물 관리 관련 정부조직과 법의 이해

6 CHAPTER

중국은 환경규제가 중앙정부와 지방정부에서 각각 역할 분담이 되어 이루어지고 있다. 다음에 각각에 대하여 살펴보도록 하겠다.

6.1 중국 중앙정부의 환경관련 정부조직

중국의 생활폐기물 청소, 수집, 운반, 처리와 관련해서는 주택 및 도시농촌 건설부(住房和城乡建设部) 담당하고 있으며, 환경보호부는 유해폐기물의 수집, 처리, 처종처분 및 폐기물 국제 교역, 폐기물 처리시설의 건설과 운영에 의해 발생하는 2차 오염과 관련한 행정 및 감시업무를 담당하고 있다.

폐기물 처리와 관련된 주된 법률은 고형폐기물환경오염방지법(中华人民共和国固体废物污染环境防治法)이며, 생활폐기물 수집, 운반, 처리와 관련해서는 2007년부터 건설부령으로 시행되고 있는 도시생활폐기물 관리방법(城市生活垃圾管理办法, 中华人民共和国建设部令第157号, 2007)이 있으며, 이에 근거하여 각 지방정부에서는 생활폐기물을 처리하고 있다.

6.1.1 중국 환경보호부

1) 환경보호부의 직무

환경보호부의 주요 직무는 다음과 같다[15].

(1) 환경보호 기본 제도를 완비할 책임이 있다.

국가환경보호 정책과 법규를 입안하고 조직할 책무가 있다. 환경 기능별로 구분하여 각종 환경보호 기준을 설정하고, 주요 구역의 감독을 실시하고, 유역오

15) 중국 환경보호부 홈페이지, http://www.mep.gov.cn/gkml/hbb/qt/200910/t20091030_180584.htm

염 방지 계획과 음용수 수원지 환경보호 계획, 중점 해역오염 방지계획, 국토 계획의 토지 기능별 구획 설정에 참여한다.

(2) 중대 환경문제를 총괄하여 조정하고 관리감독을 책임진다.

중대 환경오염 사고와 생태 파괴 사건을 조사/조정하며, 지방정부의 중대 환경 사고 돌발 시 긴급 조치 및 예방작업을 지도, 조정하며, 지역 간 환경분규를 조정하며, 국가 중점 유역, 구역, 해역 오염 방지 작업을 총괄하여 조정하며, 해양 환경보호 작업을 지도, 감독한다.

(3) 국가 오염물 배출량 제어 목표를 달성할 책임을 진다.

오염물질 배출 총량제와 오염물 배출 허가증 제도를 갖추고, 감독을 실시한다. 배출 총량제를 실시할 오염물질의 종류, 지표를 제안하고, 감독하며, 각 지역의 오염물질 감량 목표 달성 현황을 검증하며, 환경보호목표 책임제를 실시하며, 감소된 오염물질 총량을 심사하고, 그 결과를 공포한다.

(4) 환경보호영역의 고정자산 투자 규모와 방향을 제시할 책임이 있다.

국무원에 규정된 권한에 따라 국가 재정 자금을 안배하는 의견과 승인, 국가 계획과 연간 계획 규모 내에서 고정자산투자 항목을 승인하며, 유관기관과 협력하여 조직하고 감독한다. 순환경제와 환경산업 발전을 유도하고, 추진하며, 기후변화에 대응하여 참여한다.

(5) 환경오염과 환경파괴를 발생원에서 예방하고, 제어할 책임이 있다.

국무원의 위탁을 받아 중요한 경제와 기술정책에 대한 발전계획과 경제개발계획에 대하여 환경영향평가를 실시하고, 환경보호와 관련된 법률 초안에 대하여 환경영향 분야에 대한 의견을 제출하고, 국가규정에 따라 중대 개발 건설구역과 환경영평평가서를 승인한다.

(6) 환경오염 방지의 관리감독을 책임진다.

수질, 대기, 토양, 소음, 빛, 악취, 폐기물, 화학약품, 자동차 등에 의한 오염방지 관리제도와 조직을 만들고, 음용수 수원지 환경보호를 관리 감독할 유관기관과 회동하며, 도시 및 농촌의 환경종합정비사업을 조직하고 지도한다.

(7) 생태보호를 지도, 조정, 감독한다.

생태보호계획의 초안을 작성하고, 생태환경질의 현황을 평가하고, 생태환경에 대하여 영향을 주는 자연자원개발 이용활동을 감독하며, 중요 생태환경을 건설하고 파괴된 생태를 복원한다. 각종 유형의 자연보호구역, 명승지, 산림공원의 환경보호 작업을 지도, 조정, 감독한다. 야생 동식물 보호, 습지환경보호, 사막화 방지 작업을 조정, 감독한다. 농촌생태환경 보호를 조정, 지도하고, 생물기술에 대한 환경안전과 유전자 조작에 대한 작업을 감독하고, 생물종 다양성 보호를 위해 조직하고 조정한다.

(8) 핵 안전과 방사선 안전을 관리감독할 책임이 있다.

관련 정책, 계획, 기준을 입안하고, 핵 사고 긴급처리에 참여하며, 방사선 환경 사고 긴급처리 작업을 책임진다. 핵 시설 안전과 방사능 에너지 안전을 관리감독하며, 핵 시설, 핵 기술 응용, 전자기 복사, 방사성 광산자원 개발이용 중에 수반되는 오염방지를 감독한다. 핵 재료의 통제와 민간의 핵안전 설비의 설계, 제조, 설치, 비파괴 검사 활동에 대하여 관리감독을 실시한다.

(9) 환경 모니터링과 정보 보급을 책임진다.

환경 모니터링 제도와 규격을 설정하며, 환경질 감시와 오염원 관리 감독을 실시할 조직을 만든다. 환경질 상황에 대하여 조사평가, 예측평가할 조직을 만들고, 국가환경 모니터링망과 국가 환경정보망을 구축하고 관리할 조직을 만든다. 환경질 공고 제도를 만들어서 실행하고, 국가환경종합보고와 중대 환경정보를 발표한다.

(10) 환경보호과학기술을 개발한다.

환경보호를 위한 과학기술을 연구하고, 기술 시범을 수행할 조직을 만들고, 환경기술 관리 체계 건설을 장려한다.

(11) 환경보호를 위한 국제협력과 교류를 전개한다.

국제환경협력과 관련된 문제 건의 제출을 연구하고, 환경보호를 위한 국제 조약의 이행과 관련한 기구를 조직하고 협력하며, 국제환경보호업무의 처리에 참여한다.

(12) 환경보호 교육을 위한 조직을 만들고, 지도 및 협력한다.

환경보호 교육 요강을 만들고 조직하며, 생태문명건설과 환경친화형 사회건설과 관련한 교육을 실시하며, 환경보호를 위한 시민사회의 참여와 조직 구성을 유도한다.

(13) 국무원이 위임한 기타 사항

2) 환경보호부의 조직

환경보호부 하부에는 사(司) → 처(处)의 구조로 구성되어 있으며, 환경보호부에는 판공청을 포함하여 총 14개의 사(司)급 조직이 있다[16].

우리나라와 달리 우리나라의 국(局)에 해당하는 사(司)가 오염물질 매체별로 조직되어 있지 않고, 기능별로 구성되어 있는 것이 특징이며, 각 사(司)하부의 처(处)의 명칭을 보면 우리나라의 한국환경공단 등 정부산하기관의 일부 역할도 직접 수행함을 알 수 있다.

또한 핵에너지의 전반적인 이용과 관리에 관련한 부분도 환경보호부의 소관으로 되어있다.

(1) 판공청(办公厅)

환경보호부의 정무를 종합적으로 조정하고, 감독, 검사한다.

하부에는 8개의 실과 처가 있다.

(2) 계획재무사(规划财务司)

환경보호 분야의 구획을 책임지고, 편제와 기반 역량 건설을 계획한다. 환경기능별로 구획하고 환경보호계획, 투자, 경비 예결산, 재무, 국유재산관리, 내부회계감사 등의 부문 규장, 제도를 입안하고, 집행하며 감독한다.

하부에 종합처(综合处), 계획구획처(规划区划处), 예산처(预算处), 투자처(投资处), 재무처(财务处), 내부회계감사실(内部审计办公室) 등 6개 실과 처가 있다.

(3) 정책법규사(政策法规司)

환경보호분야의 법률, 행정법규, 경제 정책 등 기본 제도를 정비하는 책임을 갖는다.

하부에는 종합처(综合处), 법규처(法规处), 환경정책처(环境政策处), 행정재심의처(行政复议处) 등 4개의 처가 있다.

---

16) 중국 환경보호부 홈페이지, http://www.zhb.gov.cn

(4) 행정체제 및 인사사(行政体制与人事司)

환경보호부의 인사와 행정체제 개혁을 책임진다. 하부에 6개의 처가 있다.

(5) 과학기술표준사(科技标准司)

환경보호와 관련한 과학기술의 개발을 책임진다. 환경보호기술정책과 계획을 입안하며, 중요한 환경보호분야 핵심과학기술과 그 시범사업을 조직한다.
하부에 종합처, 환경과기발전처(环境科技发展处), 환경표준관리처(环境标准管理处), 환경기술지도처(环境技术指导处), 환경건강관리처(기후변화대응처, 环境健康管理处) 등 5개처가 있다.

(6) 오염물 배출총량규제사(污染物排放总量控制司)

국가 오염물질 배출 감량 목표 책임을 구체화하는 역할을 담당한다. 주요 오염물질 배출총량제, 오염물 배출허가증 및 환경통계정책, 행정법규, 부문 규장, 제도 등을 입안하며, 실시 감독한다. 중점 구역, 유역, 해역의 환경용량을 추산하고, 결정할 기구를 조직한다.
하부에 종합처, 수질오염물질 총량제어처(水污染物总量控制处), 대기오염물질 총량제어처(大气污染物总量控制处), 통계처(统计处) 등 4개의 처가 있다.

(7) 환경영향평가사(环境影响评价司)

발생원에서의 사전예방, 환경오염과 생태파괴의 제어를 책임진다. 환경영향평가정책, 법률, 행정법규, 부분규장을 입안하며, 실시할 기구를 조직한다.
하부에 종합처, 계획환경영향평가처(规划环境影响评价处), 건설항목환경영향평가1처(建设项目环境影响评价一处), 건설항목환경영향평가2처(建设项目环境影响评价二处), 건설항목환경영향평가3처(建设项目环境影响评价三处), 건설항목환경보호검수관리처(建设项目环境保护验收管理处) 등 6개 처가 있다.

(8) 환경감시측정사(环境监测司)

환경모니터링 관리와 환경질, 생태상황 등 환경정보 발표를 책임진다.
하부에 종합처, 환경질 감시측정처(环境质量监测处), 오염원 감시측정처(污染源监测处), 감시측정 품질관리처(监测质量管理处) 등 4개 처가 있다.

(9) 오염방지사(污染防治司)

환경오염방지를 관리감독하고, 환경상황분석 연구를 책임진다. 수질, 대기, 토지, 소음, 빛, 악취, 고형폐기물, 화학약품, 자동차 등에 의한 오염방지 정책, 계획, 법률, 행정법규, 부문규장, 기준 등을 입안하고, 실시한다. 전국환경상황 종합분석을 전개하고 조직한다.

하부에 종합처, 음용수 수원지 환경보호처(饮用水水源地环境保护处), 대기 및 소음오염 방지처(大气与噪声污染防治处), 중점유역 수오염 방지처(重点流域水污染防治处), 해양오염방지처(海洋污染防治处), 고형폐기물 관리처(固体废物管理处), 화학품 환경관리처(化学品环境管理处) 등 7개 처가 있다.

(10) 자연생태보호사(생물다양성 보호판공실, 국가생물안전관리판공실, 自然生态保护司)

생태보호작업을 지도, 조정 감독할 책임을 진다.

하부에 종합처, 농촌환경보호처(농촌토양오염방지처), 생태기능보호처(生态功能保护处), 자연보호구관리처(自然保护区管理处), 생물다양성보호처(생물안전관리처) 등 5개 처가 있다.

(11) 핵안전관리사(방사안전관리사, 核安全管理司)

핵안전과 방사성 물질의 안전적 관리감독을 책임진다.

하부에 종합처, 핵전1처(核电一处), 핵전2처(核电二处), 핵전3처(核电三处), 핵반응물질처(核反应堆处), 핵연료 및 운수처(核燃料与运输处), 방사성폐기물관리처(放射性废物管理处), 핵안전설비처(核安全设备处), 핵기술이용처(核安全设备处), 전자복사 및 채광,야금처(电磁辐射与矿冶处), 복사관측 및 응급처(辐射监测与应急处), 핵안전 인원 자질관리처(核安全人员资质管理处) 12개의 처가 있다.

(12) 환경감찰국(环境监察局)

중대환경문제의 총괄 조정과 법의 집행과 점검을 책임진다.

하부에 판공실, 오염물질 배출부과금관리처(排污收费管理处), 감찰조사처(监察稽查处), 구역감찰처(区域监察处), 행정집법처벌처(行政执法处罚处) 등 5개 실과 처가 있다.

(13) 국제합작사(国际合作司)

환경보호영역의 국제 합작과 교류의 체계적 관리를 책임지며, 대외연락을 대표하며, 중국의 환경권익을 지킨다.

하부에 종합처, 국제조직 및 협약처(国际组织和公约处), 아주처(亚洲处), 구주처(欧洲处), 미주대양주처(美洲大洋洲处), 핵안전국제협력처(核安全国际合作处) 등 6개 처가 있다.

(14) 선전교육사(宣传教育司)

전국환경보호 선전교육의 조직, 지도, 조정을 책임지고, 생태문명건설을 촉진한다. 하부에 종합처, 홍보처(新闻处), 선전교육처(宣传教育处) 등 3개 처가 있다.

6.2 중국 지방정부의 환경관련 정부조직

다음에는 성 정부 차원에서의 환경관련 조직에 대하여 알아보기로 한다.

한국의 광역지방자치단체인 도청에 해당하는 중국의 성(省)인민정부는 성의 인구수가 우리나라 전체 인구보다 큰 지역이 상당수이고, 따라서 규모도 우리나라의 중앙정부에 버금가는 규모이다. 베이징시를 기준으로 보면 시 정부를 구성하는 조직에는 13개 위원회, 11개 국, 2개 판공실로 이루어져 있다[17]. 11개 국 중의 하나가 환경보호국이다.

베이징시 환경보호국의 기본조직은 2실, 19처 등으로 이루어져 있다[18].

19처는 법제처, 과기표준처, 환경감시처, 오염물배출총량규제처, 환경영향평가처, 수질 및 생태환경관리처, 대기환경관리처, 대기오염종합관리협조처, 자동차배기가스관리처, 오염방지처(소음 및 고형폐기물관리처), 방사능안전관리처, 응급관리처, 감사처, 국제합작처, 선전교육처, 계획재무처, 인사처, 감찰처, 환경감찰처 등이다.

17) http://zfxxgk.beijing.gov.cn/fgdyna.prhome.prCategpry.do?cate=24

18) http://www.bjepb.gov.cn/bjepb/413526/413527/413552/413535/index.html

6.3 중국 법규 및 용어에 대한 이해[19)]

중국 법규의 명칭 구분은 한국과 달리 복잡하다. 한국은 법 → 시행령 → 시행규칙의 명칭과 위계가 분명하나, 중국은 헌법 → 법 → 행정법규 → 지방법규 → 중앙정부 부처의 규장(規章)과 지방정부의 규장 등이 있다.

법 중에서 기본적인 법은 우리나라의 국회에 해당하는 전국인민대표대회에서 제정하고, 일반적인 법률은 전국인민대표회의 상무위원에서 제정한다. 행정법규는 국무원에서 제정하는 국무원령을 의미한다.

지방법규는 한국의 광역지방자치단체 의회가 제정하는 조례에 해당한다. 중국의 광역지방자체단체 의회라고 할 수 있는 성, 자치구 및 직할시의 인민대표회의가 제정하는데, 행정법규에 다음가는 지위를 갖는다. 중앙정부의 부처라고 할 수 있는 부(部), 위원회 및 총국 등은 한국의 부령에 해당하는 부서규장을 제정할 수 있는데, 이는 중앙정부 부처가 제정하는 부서규장과의 사이에서 그 법규적 등급이 매우 명확한 것은 아니다. 즉, 지방정부의 규모가 방대하므로 반드시 부서규장이 지방정부규장보다 상위에 있는 것은 아니다.

또한 법을 제외하고는 행정법규와 지방법규가 조례, 판법(辦法) 및 규정 등의 명칭으로 혼용되어 사용되고 있다, 국무원이 제정하는 행정법규, 지방인민대표회의가 제정하는 지방법규 및 중앙정부 부처가 제정하는 부서규장 등이 모두 조례, 판법 및 규정 등을 혼용하고 있다. 따라서 중국의 법규나 규장은 그 명칭에 따른 위계를 구분하는 것이 어렵고, 제정기관의 권한의 크기나 등급에 기초해서 판단해야 한다. 특히, 지방인민대표회의가 제정하는 지방법규와 중앙정부 부처가 제정한 부서규장이 충돌할 경우, 기본적으로 지방법규가 우선이라고 주장하지만, 충돌이 심각한 경우 국무원의 재정(裁定)을 통해서 해결해야 한다.

19) 박윤철, 이경아, "중국 지방정부의 환경 법규 및 제도와 환경우호기업에 관한 연구 - 쟝수성을 중심으로", 중국학논총, 제35집, pp. 145-174(2012)

부 록

7
CHAPTER

1 중국 환경관련 주요 기관 홈페이지
2 국가위험폐기물 목록
3 폐기물 관련 전공 용어 대조표 (영어–한국어–중국어)
4 폐기물 관련 전공 용어 대조표 (한국어–영어–중국어)
5 주요 원소명
6 2012년도 중국 생활폐기물 처리시설 무해화 등급 평가명단
7 중국의 환경법령 개요
8 중국의 폐기물 관련 제도 및 정책

부록 1 중국 환경관련 주요 기관 홈페이지

1. 중화인민공화국 국가통계국 홈페이지
   http://data.stats.gov.cn

2. 중국 환경보호부(中华人民共和国环境保护部)
   http://www.mep.gov.cn

3. 중국환경과학연구원(中国环境科学研究院)
   중국 환경보호부 직속 연구소로 1979년에 설립됨.
   http://www.craes.cn

   연구소보 : 환경과학연구(环境科学研究)
   http://www.hjkxyj.org.cn

4. 중국 주택 및 도시농촌 건설부(住房和城乡建设部)
   http://www.mohurd.gov.cn

5. 중국도시건설연구원(中国城市建设研究院)
   http://www.cucd.cn

6. 중국과학원 생태환경연구센터(中国科学院生态环境研究中心)
   http://www.rcees.cas.cn

   Journal of Environmental Sciences(월간, 영문, SCI학술지)
   http://www.jesc.ac.cn/jesc_cn/ch/index.aspx

   环境工程学报(월간, 중문)
   http://www.cjee.ac.cn/teepc_cn/ch/index.aspx

7. 중국환경과학학회(中国环境科学学会)
   1979년에 설립
   www.chinacses.org

8. 중국도시환경위생협회(中国城市环境卫生)
   http://www.caues.org
   우리나라의 폐기물협회와 유사한 단체로서 매년 발표되는 중국 생활폐기물 처리시설(소각 및 매립시설)의 등급평가 명단 등의 자료를 확인할 수 있음.

9. 중국환경보호산업협회(中国环境保护产业协会)
   http://www.caepi.org.cn

10. 중국환경영향평가망(中国环境影响评价网)
    http://www.china-eia.com

11. 중국 고형폐기물 사이트(中国固废网)
    http://paper.solidwaste.com.cn

12. 복건성 주택 및 도시-농촌 건설망(福建住房和城乡建设网)
    http://www.fjjs.gov.cn/ztzl/wsljcyh
    환경관련 규정 및 기준 자료 일부를 다운받을 수 있음.

13. 베이징시 시정시용관리위원회(北京市市政市容管理委员会)
    http://www.bjmac.gov.cn/pub/guanwei

14. 중국환경신문사(中国环境报社)
    http://www.cenews.com.cn

15. 칭화대학교 환경대학(清华大学环境学院)
    http://www.tsinghua.edu.cn/publish/env/index.html

16. 통지대학교 환경대학(同济环境科学与工程学院)
    http://sese.tongji.edu.cn

17. 베이징 환경보호국
    http://www.bjepb.gov.cn

18. 상해 환경보호국
    http://www.sepb.gov.cn

19. 천진 환경보호국
    http://www.tjhb.gov.cn

20. 산동 환경보호국
    http://www.sdein.gov.cn

21. 광주 환경보호국
    http://www.gzepb.gov.cn

22. 항주시 환경보호국
    http://www.hzepb.gov.cn

23. 대련시 환경보호국
    http://www.dlepb.gov.cn

부록 2 국가위험폐기물 목록

폐기물 종류	발생원	폐기물 코드	위험 폐기물	위험 특성
HW01 의료폐기물	위생	851-001-01	의료 폐기물	In
	비특정 업종	900-001-01	동물 전염병을 방지하기 위해 수집 및 처분 필요한 폐기물	In
HW02 의약폐기물	화학약품의 원료 제조	271-001-02	화학약품의 원료 생산과정 중의 증류 및 반응 잔재	T
		271-002-02	화학약품의 원료 생산과정 중의 원액 및 반응기 또는 배양기 폐기물	T
		271-003-02	화학약품의 원료 생산과정 중의 탈색 여과물질(담체 포함)	T
		271-004-02	화학약품의 원료 생산과정 중의 폐기된 흡착제, 촉매제 및 용제	T
		271-005-02	화학약품의 원료 생산과정 중의 폐기된 약품 및 기한을 넘긴 원료	T
	화학약품 제제의 제조	272-001-02	화학약품의 제제 생산과정 중의 증류 및 반응 잔재	T
		272-002-02	화학약품의 제제 생산과정 중의 원액 및 반응기 또는 배양기 폐기물	T
		272-003-02	화학약품의 제제 생산과정 중의 탈색 여과물질(담체 포함)	T
		272-004-02	화학약품의 제제 생산과정 중의 폐기된 흡착제, 촉매제 및 용제	T
		272-005-02	화학약품의 제제 생산과정 중의 폐기된 약품 및 기한을 넘긴 원료	T
	동물용 약품 제조	275-001-02	비소 또는 유기비소화합물을 이용한 동물용 약품 생산과정 중 발생된 폐수처리 슬러지	T
		275-002-02	비소 또는 유기비소화합물을 이용한 동물용 약품 생산과정 중 아닐린화합물 증류작업에서 발생된 증류 잔재	T
		275-003-02	비소 또는 유기비소화합물을 이용한 동물용 약품 생산과정 중 활성탄을 이용한 탈색작업시 발생된 잔재	T
		275-004-02	기타 동물용 약품 생산과정 중의 증류 및 반응 잔재	T
		275-005-02	기타 동물용 약품 생산과정 중의 탈색 여과물질(담체 포함)	T
		275-006-02	기타 동물용 약품 생산과정 중의 원액 및 반응기 또는 배양기 폐기물	T
		275-007-02	기타 동물용 약품 생산과정 중의 폐기된 흡착제, 촉매제 및 용제	T
		275-008-02	기타동물용 약품생산과정 중의 폐기된 약품 및 기한을 넘긴 원료	T

폐기물 종류	발생원	폐기물 코드	위험 폐기물	위험 특성
HW02 의약폐기물	생물생화학 제품 제조	276-001-02	생물기술을 이용한 화학약품 및 유전자 공학약품 생산과정 중의 증류 및 반응 잔재	T
		276-002-02	생물기술을 이용한 화학약품 및 유전자 공학약품 생산과정 중의 원액 및 반응기 또는 배양기 폐기물	T
		276-003-02	생물기술을 이용한 화학약품 및 유전자 공학약품 생산과정 중의 탈색 여과물질(담체 포함)	T
		276-004-02	생물기술을 이용한 화학약품 및 유전자 공학약품 생산과정 중의 폐기된 흡착제, 촉매제 및 용제	T
		276-005-02	생물기술을 이용한 화학약품 및 유전자 공학약품 생산과정 중의 폐기된 약품 및 기한을 넘긴 원료	T
HW03 폐의약물 및 폐의약품	비특정 업종	900-002-03	생산 판매 및 사용과정 중 발생된 효력 상실 변질 불합격 도태 위조약물 및 약품 (HW01,HW02,900-999-49은 포함하지 않음)	T
HW04 농약폐기물	농약 제조	263-001-04	chlordane생산과정중 Hexachlorocyclopentadiene 여과시 발생된 잔재물; chlordane염화반응기의 진공탈기기에서 배출된 폐기물	T
		263-002-04	Disulfoton생산과정 중 톨루엔 회수작업시 발생된 증류잔재	T
		263-003-04	Thimet 생산과정 중 diethyl phosphordithiooic acid 여과시 발생된 잔재물	T
		263-004-04	2,4,5-T 생산과정 중 tetrachlorobenzene 증류작업시 발생된 중유분(重留分) 및 증류잔재	T
		263-005-04	2,4-D 생산과정 중 발생된 2,6-dichlorophenol를 함유한 잔재물	T
		263-006-04	Polycarbamate 및 이의 염류 생산과정 중 발생된 여과 증발 및 원심분리 잔재와 폐수 처리 슬러지; 생산품의 연마 및 포장작업에서 발생된 백필터 분진과 바닥 청소된 잔재	T
		263-007-04	bromoform 생산과정 중 반응기에서 발생된 폐수 및 산 건조기에서 발생된 폐황산; 생산과정 중 발생된 폐흡착제 및 폐수 분리기에서 발생된 고형 폐기물	T
		263-008-04	기타 농약 생산과정 중 발생된 증류 및 반응 잔재	T
		263-009-04	농약 생산과정 중 발생된 원액 및 (반응장치 및 용기)세척액	T
		263-010-04	농약 생산과정 중 발생된 흡착여과물(담체 흡착제 촉매제 포함)	T
		263-011-04	농약 생산과정 중 발생된 폐수처리 슬러지	T
		263-012-04	농약 생산 조제과정 중 발생된 기한을 넘긴 원료 및 폐기된 약품	T

폐기물 종류	발생원	폐기물 코드	위험 폐기물	위험 특성
	비특정 업종	900-003-04	판매 및 사용과정 중 발생된 효력 상실 변질 불합격 도태 위조농약	T
HW05 목재방부제 폐기물	톱질된 목재 및 목편가공	201-001-05	Pentachlorophenol를 이용한 목재에 방부 처리과정 중 발생된 폐수 처리 슬러지 및 목재 보관 과정 중 발생된 방부제에 오염된 폐목재 조각	T
		201-002-05	creosote를 이용한 목재 방부 처리 과정 중 발생된 폐수 처리 슬러지 및 목재 보관 과정 중 발생된 방부제에 오염된 폐목재 조각	T
		201-003-05	비소, 크롬 등 무기방부제를 이용한 목재 방부 처리과정 중 발생된 폐수 처리 슬러지 및 목재 보관 과정 중 발생된 방부제에 오염된 폐목재 조각	T
	전용화학제품 제조	266-001-05	목재방부 화학품 생산과정 중 발생된 반응 잔여물, 흡착여과물 및 담체	T
		266-002-05*	목재방부 화학품 생산과정 중 발생된 폐수 처리 슬러지	T
		266-003-05	목재방부 화학품 생산 조제과정 중 발생된 기한을 넘긴 원료 및 폐기된 약품	T
	비특정 업종	900-004-05	판매 및 사용과정 중 발생된 효력 상실 변질 불합격 도태 위조목재 방부제 제품	T
HW06 유기용제 폐기물	기초화학 원료제조	261-001-06	니트로벤젠-아닐린 생산과정 중 발생된 폐액	T
		261-002-06	Carboxylic Acid Hydrazine법으로 1,1-Dimethyl hydrazine 생산과정 중 제품의 분리와 응축반응기 배가스 중에서 발생된 유출물	T
		261-003-06	Carboxylic Acid Hydrazine법으로 1,1-Dimethyl hydrazine 생산과정 중 제품 정제작업 발생된 폐여과물	T
		261-004-06	톨루엔 니트로화법으로 2,4-dinitrotoluene 생산과정 중에서 발생된 폐세척액	T
		261-005-06	유기용제의 합성 열분해 분리 탈색 촉매작용 침전 정류 등 과정 중 발생된 반응 잔여물 폐촉매제 흡착여과물 및 담체	I,T
		261-006-06	유기용제의 생산 조제 사용과정 중 발생된 유기용제를 함유된 세척 잡물	I,T
HW07 열처리 작업에서 시안이 함유된 폐기물	금속표면처리 및 열처리가공	346-001-07	시안화합물을 사용하여 금속 표면 열처리작업 중 발생된 담듬질조 잔재	T
		346-002-07	시안화합물을 사용하여 금속 표면 열처리 작업 중 발생된 담듬질 폐수처리 슬러지	T
		346-003-07	시안이 함유된 열처리로 수리 과정 중 발생된 폐기물	T
		346-004-07	침탄로에서 발생된 열처리 침탄 시안잔재물	T
		346-005-07	금속 열처리과정 중의 염욕로(salt bath kettle) 세척작업	R,T

폐기물 종류	발생원	폐기물 코드	위험 폐기물	위험 특성
			에서 발생된 폐시안 화합물 잔재물	
		346-049-07	기타 열처리 작업 중 발생된 시안을 함유된 폐기물	T
HW08 폐광물유	원유 및 천연가스개발	071-001-08	석유 개발 및 정제 작업에서 발생된 기름 찌꺼기	T,I
		071-002-08	폐기된 탐사정액 처리시 발생된 슬러지	T
	석유정련 제품제조	251-001-08	오일 탱크 및 기름 부품을 세척과정 중 발생된 기름/ 물과 알킬/물의 혼합물	T
		251-002-08	석유 1차 제련과정 중 발생된 폐수 처리 슬러지 및 저장시설, 오일－물－고형물 분리기, 집수조 관로 및 기타운송 관로 오수조 우수 수집관로에서 발생된 슬러지	T
		251-003-08	석유정제과정 중 API 분리기에 발생된 슬러지 및 가솔린 추출작업에서 발생된 폐수와 응축 폐수 처리 슬러지	T
		251-004-08	석유 정제과정 중 부유선별기에서 발생된 부유 잔재	T,I
		251-005-08	석유 정제과정 중 넘친 폐오일 또는 유제	T,I
		251-006-08	석유 정제과정 중 열교환기 관로 세척시 발생된 슬러지	T
		251-007-08	석유 정제과정 중 오일 격리 시설에서 발생된 슬러지	T
		251-008-08	석유 정제과정 중 저장시설 밑의 침전 잔재물	T,I
		251-009-08	석유 정제과정 중 원유 저장시설 밑의 침전물	T,I
		251-010-08	석유 정제과정 중 정화 오일조 밑의 침전물	T,I
		251-011-08	석유 정제과정 중 오일 유입여과 및 분리장치에 발생된 잔재	T,I
		251-012-08	석유 정제과정 중 발생된 폐기된 여과 점토	T
	도료, 잉크, 안료 및 관련된 제품 제조	264-001-08	잉크 생산 조제작업에서 발생된 폐분산유	T
	전용화학 제품제조	266-004-08	점착제 및 밀봉제 생산 조제작업에서 발생된 폐로진유	T,I
	선박 제조	375-001-08	선박 해체 과정 중 발생된 폐유와 폐유성 슬러지	T
	비특정 업종	900-200-08	horning 연마 과정 중 발생된 폐광물유 및 유성슬러지	T,I
		900-201-08	등유를 이용한 금속 부속품 또는 엔진 세척 작업시 발생된 폐광물유	T
		900-202-08	커팅유과 커팅액을 이용한 기계가공 과정 중 발생된 폐광물유	T
		900-203-08	담근질유를 이용한 표면강화처리작업에서 발생된 폐광물유	T
		900-204-08	압연유 응축제 및 산을 이용한 금속 압연작업에서 발생된 폐광물유	T
		900-205-08	티닝유를 이용한 경납작업에서 발생된 폐광물유	T

폐기물 종류	발생원	폐기물 코드	위험 폐기물	위험 특성
HW08 폐광물유	비특정 업종	900-206-08	주석 및 경납회수 과정 중 발생된 폐광물유	T
		900-207-08	티닝유를 이용한 Hot air solder leveling 작업시 발생된 폐광물유	T
		900-208-08	티닝유를 이용한 열풍 고른 작업에서 발생된 폐광물유	T
		900-209-08	폐기된 파라핀과 유지	T,I
		900-210-08	유/수 분리 시설에 발생된 폐유 슬러지	T,I
		900-249-08	기타 생산 판매 사용 과정 중 발생된 폐광물유	T,I
HW09 유/수,알킬/수혼합물또는유화액	비특정 업종	900-005-09	수압기 정기적인 교체 시 발생된 유/수, 알킬/수혼합물	T
		900-006-09	커팅유와 커팅액을 이용한 기계가공과정 중 발생된 유/수, 알킬/수혼합물 또는 유화물	T
		900-007-09	기타가공작업에서 발생된 폐기된 유/수, 알킬/수혼합물 또는 유화물	T
HW10 PCBs폐기물	비특정 업종	900-008-10	PCBs, PCTs, PBBs를 함유하는 회로판 콘덴서 변압기	T
		900-009-10	PCBs, PCTs, PBBs를 함유하는 전기 설비에 세척액	T
		900-010-10	PCBs, PCTs, PBBs를 함유하는 전기 설비에서 나온 매질유 절연유 냉각유 및 전열유	T
		900-011-10	PCBs, PCTs, PBBs를 함유 또는 직접오염된 폐포장지 및 용기	T
		900-012-10	PCBs, PCTs, PBBs, PCNs를 함유 또는 오염된(함량>=50 mg/kg)폐기물, 물질, 물품	T
HW11 증류잔재	석유정제 제품제조	251-013-11	석유 정제 과정 중 발생된 산타르와 기타 타르	T
	코크스 제조	252-001-11	코크스 제조과정 중 암모니아 증기탑에서 발생된 압력여과 슬러지	T
		252-002-11	코크스 제조과정 중 정화 시설 하부의 타르형태 슬러지	T
		252-003-11	코크스 부산물 회수 과정 중 나프탈렌 회수 및 재생 작업에서 발생된 잔재	T
		252-004-11	코크스 제조과정 또는 코크스 부산물 회수 과정 중 타르 저장 장치 중의 잔재	T
		252-005-11	콜타르 정제 과정 중 타르 저장 장치 중의 잔재	T
		252-006-11	콜타르 증류잔재	T
		252-007-11	콜타르 회수과정 중 발생된 잔재, 코크스 부산물 회수과정 중 발생된 폐수슬러지	T
		252-008-11	경유 회수과정 중 발생된 잔재, 코크스 부산물 회수과정 중 증류기, 정화장치, 세척유 회수작업에서 발생된 잔재	T
		252-009-11	경유 정제 과정 중 발생된 폐수슬러지	T
		252-010-11	석탄 가스 및 석탄 화공업종에서 등유 분리 과정 중 발	T

폐기물 종류	발생원	폐기물 코드	위험 폐기물	위험 특성
			생된 콜타르 잔재	
		252-011-11	코크스 생산과정 중 발생된 기타 산타르와 타르	T
HW11 증류잔재	기초화학 원료제조	261-007-11	에틸렌법으로 acetaldehyde 생산과정 중 발생된 증류 바닥재	T
		261-008-11	에틸렌법으로 acetaldehyde 생산과정 중 발생된 부차적인 유분	T
		261-009-11	$C_6H_5CH_2Cl$ 생산과정 중 증류작업에서 발생된 증류 바닥물	T
		261-010-11	CCl_4 생산과정 중 발생된 증류 잔재	T
		261-011-11	C_3H_5OCl 생산과정 중 정제탑에서 발생된 증류 바닥재	T
		261-012-11	Isopropylbenzene법으로 페놀과 아세톤 생산과정 중 증류탑 하부의 타르	T
		261-013-11	나프탈렌법으로 phthalicanhydride 생산과정 중 증류탑의 바닥재와 경유분(輕留分)	T
		261-014-11	1,2-Dimethylbenzene법으로 phthalic anhydride 생산과정 중 증류탑의 바닥재와 경유분	T
		261-015-11	벤젠질화법으로 니트로벤젠 생산과정 중 발생된 증류바닥재	T
		261-016-11	Toluene diisocyanate 생산과정 중 발생된 증류잔재와 원심분리잔재	T
		261-017-11	1,1,1-trichloroethane 생산과정 중 발생된 증류바닥재	T
		261-018-11	C_2HCl_3과 Tetrachloroethylene 연합생산과정 중 발생된 증류탑 바닥재	T
		261-019-11	아닐린 생산과정 중 발생된 증류바닥재	T
		261-020-11	아닐린 생산과정 중 아닐린 추출작업에서 발생된 잔재	T
		261-021-11	2,4-dinitrotoluene 수소가성법으로 Tolylenediamine 생산과정 중 건조탑에서 발생된 반응폐액	T
		261-022-11	2,4-dinitrotoluene 수소가성법으로 Tolylenediamine 생산과정 중 제품 정제작업에서 발생된 냉각액체 경유분	T
		261-023-11	2,4-dinitrotoluene 수소가성법으로 Tolylenediamine 생산과정 중 제품 정제작업에서 발생된 폐액	T
		261-024-11	2,4-dinitrotoluene 수소가성법으로 Tolylenediamine 생산과정 중 제품 정제작업에서 발생된 중유분	T
		261-025-11	Tolylenediamine 광기화법으로 Toluene diisocyanate 생산과정 중 용제회수탑에서 발생된 유기응축물	T
		261-026-11	클로로벤젠 생산과정 중 발생된 증류 및 분류탑의 바닥재	T
		261-027-11	Carboxylic Acid Hydrazine를 이용한 1,1-Dimethyl hydrazine 생산과정 중 제품 분리작업에서 발생된 바닥재	T

폐기물 종류	발생원	폐기물 코드	위험 폐기물	위험 특성
HW11 증류잔재	기초화학 원료제조	261-028-11	에틸렌 브롬화법으로 1,2-Dibromoethane 생산과정 중 만들어진 증류 부산 유분	T
		261-029-11	α-Chlorotoluene, Benzoyl chloride 및 이의 관능기가 함유된 화합물 생산과정 중 발생된 증류바닥재	T
		261-030-11	carbon tetrachloride 생산과정 중 발생된 중유분	T
		261-031-11	에틸렌 디클로리드 생산과정 중 에틸렌디클로리드를 증류작업에서 발생된 중류분	T
		261-032-11	염화비닐단체 생산과정 중 염화비닐 증류작업에서 발생된 중류분	T
		261-033-11	1,1,1-trichloroethane 생산과정 중 제품을 증기 탈기탑에서 발생된 폐기물	T
		261-034-11	1,1,1-trichloroethane 생산과정 중 증류분탑에 발생된 중유분	T
		261-035-11	trichloroethylene과 tetrachloroethylene 연합 생산과정 중 발생된 중유분	T
	상용비철금속 제련	331-001-11	비철금속 연소법으로 제련시 발생된 타르형태의 폐기물	T
	환경관리업종	802-001-11	폐유 재생 과정 중 발생된 산타르	T
	비특정 업종	900-013-11	기타 정련, 증류 및 각 열처리 과정 중 발생된 폐타르 형태 잔여물	T
HW12 염료도료 폐기물	도료, 잉크, 안료 및 관련된 제품제조	264-002-12	황연과 chrome orange 생산과정 중 발생된 폐수슬러지	T
		264-003-12	molybdate orange 안료 생산과정 중 발생된 폐수슬러지	T
		264-004-12	zinc yellow 안료 생산과정 중 발생된 폐수슬러지	T
		264-005-12	chrome green 안료 생산과정 중 발생된 폐수슬러지	T
		264-006-12	chromium oxide green 안료 생산과정 중 발생된 폐수슬러지	T
		264-007-12	chromium oxide green 안료 생산과정 중 건조로에서 발생된 잔재	T
		264-008-12	iron blue 안료를 생산과정 중 발생된 폐수슬러지	T
		264-009-12	색소, 건조제, 비누 및 크롬과 납이 함유된 안전제를 이용한 잉크 조제 과정 중 세척조와 장치에서 발생된 세척폐액과 슬러지	T
		264-010-12	잉크 생산 조제작업에서 발생된 폐식각액	T
		264-011-12	기타 잉크, 안료, 염료, 페인트, finishing paint 생산과정 중 발생된 폐원액 잔재 중간체 폐기물	T
		264-012-12	기타 잉크, 안료, 염료, 페인트, finishing paint 생산과정 중 발생된 폐수슬러지 폐흡착제	T
		264-013-12	페인트 잉크 생산 조제 및 사용 과정 중 발생된 안료,	T

폐기물 종류	발생원	폐기물 코드	위험 폐기물	위험 특성
			잉크가 함유된 유기용제 폐기물	
	펄프 제조	221-001-12	폐종이 회수이용 과정 중 발생된 탈잉크 잔재	T
HW12 염료도료 폐기물	비특정 업종	900-250-12	용제를 사용한 광 coating 래커, 페인트 칠 작업에서 발생된 염료와 도료폐기물	T,I
		900-251-12	페인트, 유기용제를 이용한 저지층 도포 작업에서 발생된 염료와 도료 폐기물	T,I
		900-252-12	페인트, 유기용제를 이용한 래커작업에서 발생된 염료과 도료폐기물	T,I
		900-253-12	잉크와 유기용제를 이용한 스크린 인쇄 과정 중 발생된 염료와 도료 폐기물	T,I
		900-254-12	차개유, 유기용제를 이용한 저지층 도포 작업에서 발생된 염료와 도료 폐기물	T,I
		900-255-12	각종 안료를 이용한 착색 과정 중 발생된 염료와 도료 폐기물	T
		900-256-12	산, 알칼리 또는 유기용제를 이용한 용기장비의 페인트, 염료, 도료 등을 세척 시 발생된 벗겨진 물질	T
		900-299-12	생산판매 및 사용과정 중 발생된 효력상실, 변질, 불합격 도태 위조잉크, 염료, 안료, 페인트, finishing paint	T,I
HW13 유기수지류 폐기물	기초화학 원료제조	261-036-13	수지, 라텍스, 가소제, 풀/접착제를 생산과정 중 발생된 불합격제품과 폐부산물	T
		261-037-13	수지, 라텍스, 가소제, 풀/접착제를 생산과정 중 합성, 에스테르화, 축합 등 작업에서 발생된 폐촉매제와 원액	T
		261-038-13	수지, 라텍스, 가소제, 풀/접착제를 생산과정 중 정류, 분리, 정제 등 작업에서 발생된 폐액, 여과 매질과 잔재	T
		261-039-13	수지, 라텍스, 가소제, 풀/접착제를 생산과정 중 발생된 폐수슬러지	T
	비특정 업종	900-014-13	폐기된 접착제과 밀봉제	T
		900-015-13	포화 또는 폐기된 이온교환 수지	T
		900-016-13	산, 알칼리 또는 유기용제를 이용한 용기 장비 세척 작업에서 벗겨진 수지형태의 걸쭉한 잡물	T
HW14 신화학약품 폐기물	비특정 업종	900-017-14	연구,개발 및 교육 과정에서 발생된 인간 또는 환경에 영향을 줄 수 있는 불분명한 화학 폐기물	T/C/In/I/R
HW15 폭발성 폐기물	폭약 및 화공(火工)제품 제조	266-005-15	폭약 생산과정 중 발생된 폐수처리 슬러지	R
		266-006-15	폭발물이 함유된 폐수 처리 과정 중 발생된 폐탄	R
		266-007-15	기폭약을 생산, 조제 및 적재 과정 중 발생된 폐수처리 슬러지	T,R
		266-008-15	TNT 생산과정 중 발생된 pink water, red water 및 폐	R

폐기물 종류	발생원	폐기물 코드	위험 폐기물	위험 특성
			수처리 슬러지	
	비특정 업종	900-018-15	해체 후 수집된 미기폭된 안전 기낭(氣囊)	R
HW16 감광재료 폐기물	전용화학 제품제조	266-009-16	현상액 정착액, 필름, 현상지, 감광 원료 및 약품 생산과정 중 발생된 불합격 제품 및 기한을 넘긴 제품	T
		266-010-16	현상액 정착액, 필름, 현상지, 감광 원료 및 약품 생산과정 중 발생된 잔재 및 폐수처리 슬러지	T
	인쇄	231-001-16	현상액을 이용한 필름 현상, 정착액을 이용한 필름 정착 및 potassium ferricyanide, 티오황산염을 이용한 영상 표백시 발생된 폐현상액 폐정착액 폐필름 및 폐현상지	T
		231-002-16	현상액을 이용한 인쇄 현상, 항식도형현상 및 볼록판 인쇄시 발생된 폐현상액 폐정착액 폐필름 및 폐현상지	T
	전자부품 제조	406-001-16	현상제 수산화물 metabisulphite 초산을 이용한 필름 현상 작업에서 발생된 폐현상액 폐정착액 폐필름 및 폐현상지	T
	영화	893-001-16	영화 제작소에서 사용 및 경영활동 중 발생된 폐현상액 폐정착액 폐필름 및 폐현상지	T
	촬영확대현상 서비스	828-001-16	촬영 확대 현상 서비스 업종의 사용 및 경영활동 중 발생된 폐현상액 폐정착액 폐필름 및 폐현상지	T
	비특정 업종	900-019-16	기타 업종 사용 및 경영활동 중 발생된 폐현상액 폐정착액 폐필름 및 폐현상지	T
HW17 표면처리 폐기물	금속표면처리 및 열처리가공	346-050-17	tin dichloride를 이용한 증감 작업에서 발생된 잔재 및 폐수처리 슬러지	T
		346-051-17	Zinc Chloride와 염화암모늄을 이용한 증감 작업에서 발생된 잔재 및 폐수처리 슬러지	T
		346-052-17*	아연과 전기도금 화학품을 이용한 아연도금 작업에서 발생된 폐액, 폐잔재물 및 폐수처리 슬러지	T
		346-053-17	카드뮴과 전기도금화학품을 이용한 카드뮴 도금 작업에서 발생된 폐액, 폐잔재물 및 폐수처리 슬러지	T
		346-054-17*	니켈과 전기도금화학품을 이용한 니켈도금 작업에서 발생된 폐액, 폐잔재물 및 폐수처리 슬러지	T
		346-055-17*	니켈도금용액을 이용한 니켈도금작업에서 발생된 폐액, 폐잔재물 및 폐수처리슬러지	T
		346-056-17	질산은, 알칼리, 아세트알데하이드를 이용한 은도금 작업에서 발생된 폐액, 폐잔재물 및 폐수처리슬러지	T
		346-057-17	금과 전기도금화학품을 이용한 금 도금 작업에서 발생된 폐액, 폐잔재물 및 폐수처리 슬러지	T
		346-058-17*	구리 도금용액을 이용한 구리 도금 작업에서 발생된 폐액, 폐잔재물 및 폐수처리 슬러지	T

폐기물 종류	발생원	폐기물 코드	위험 폐기물	위험 특성
HW17 표면처리 폐기물	금속표면처리 및 열처리가공	346-059-17	팔라듐과 주석염을 이용한 활성화 처리시 발생된 폐잔재 및 폐수처리 슬러지	T
		346-060-17	크롬과 전기도금 화학품을 이용한 크롬도금 작업에서 발생된 폐액, 폐잔재물 및 폐수처리 슬러지	T
		346-061-17	과망간산칼륨을 이용한 천공과 접착제 제거 작업에서 발생된 폐잔재 및 폐수처리 슬러지	T
		346-062-17*	구리와 전기도금 화학품을 이용한 구리도금 작업에서 발생된 폐액, 폐잔재물 및 폐수처리 슬러지	T
		346-063-17*	기타 전기 도금작업에서 발생된 폐액, 폐잔재물 및 폐수처리 슬러지	T
		346-064-17	금속과 플라스틱 표면 산(알칼리)세척 기름 제거 녹 제거 작업에서 발생된 폐부식성 액체 폐세척액 및 슬러지	T
		346-065-17	금속과 플라스틱 표면 인산염 피막처리, 광택 작업에서 발생된 잔재(액) 및 슬러지	T
		346-066-17	도금층을 벗겨내는 과정 중 발생된 폐액 및 잔재	T
		346-099-17	기타 작업에서 발생된 표면 처리 폐기물	T
HW18 소각처리 소각재	환경제어	802-002-18	생활폐기물 소각 비산재	T
		802-003-18	위험 폐기물의 소각 열분해 처리 과정 중 발생된 바닥재 및 비산재(의료 폐기물 소각 처리 과정 중 발생된 바닥재 제외)	T
		802-004-18	위험폐기물의 플라스마, 고온 용융 등 처리 후 발생된 비유리형태 물질 및 비산재	T
		802-005-18	고형 폐기물 및 액체 폐기물의 소각 과정 중 폐가스 처리 시 발생된 폐활성탄 여과물	T
HW19 금속 카르보닐 화합물 폐기물	비특정 업종	900-020-19	금속 카르보닐 화합물 생산 및 사용 과정 중 발생된 카르보닐기 화합물이 함유된 폐기물	T
HW20 베릴륨이 함유된 폐기물	기초화학 원료제조	261-040-20	베릴륨 및 베릴륨 화합물 생산과정 중 발생된 잔재, 집진 장치에서 수집된 분진 및 폐수처리 슬러지	T
HW21 크롬이 함유된 폐기물	가죽 무두질 및 제품 가공	193-001-21*	크롬유제를 이용한 크롬 무두질 작업에서 발생된 폐수처리 슬러지	T
		193-002-21*	피혁커팅 작업에서 발생된 크롬이 함유된 피혁 잔여물	T
	인쇄	231-003-21*	중크롬산염 콜로이드 유기용액, 접착제를 이용한 선류식 항식 염색작업에서 발생된 잔재 및 폐수처리슬러지	T
		231-004-21*	크롬화합물을 이용한 항식층 화학 경화 작업에서 발생된 잔재 및 폐수처리 슬러지	T

폐기물 종류	발생원	폐기물 코드	위험 폐기물	위험 특성
HW21 크롬이 함유된 폐기물		231-005-21*	크롬산을 이용한 크롬 도금 작업에서 발생된 폐액 폐잔재물 및 폐수처리 슬러지	T
	기초화학 원료제조	261-041-21	칼슘 배소법으로 크롬염을 생산하는 과정 중 발생된 크롬 잔재물	T
		261-042-21	칼슘 배소법으로 크롬염을 생산하는 과정 중 알루미늄 제거를 위한 중화반응시 발생된 크롬이 함유된 Aluminium hydroxide 잔재	T
		261-043-21	칼슘 배소법으로 크롬염을 생산하는 과정 중 Chromiumtrioxide 생산과정 중 발생된 부산 폐잔재	T
		261-044-21*	칼슘 배소법으로 크롬염을 생산하는 과정 중 발생된 폐수처리 슬러지	T
	철합금 제련	324-001-21	크롬, 철, 규소 합금 생산과정 중 폐가스 제어 시설에서 발생된 비산재 및 슬러지	T
		324-002-21	철, 크롬 합금 생산과정 중 폐가스 제어 시설에서 발생된 비산재 및 슬러지	T
		324-003-21	철, 크롬 합금 생산과정 중 크롬 제련과정 중 발생된 크롬 침출 잔재	T
	금속표면처리 및 열처리가공	346-100-21	크롬산을 이용한 양극산화에서 발생된 폐잔재물, 폐액 및 폐수처리 슬러지	T
		346-101-21	크롬산을 이용한 플라스틱 표면 조화(粗化) 작업에서 발생된 폐기물	T
	전자부품 제조	406-002-21	크롬산을 이용한 천공 및 접착제 제거 작업에서 발생된 폐기물	T
HW22 구리가 함유된 폐기물	상용비철 금속광개발	091-001-22	황화동광 및 산화동광 등 동광물 개발과정 중 집진장치에서 수집된 분진	T
	인쇄	231-006-22*	산 또는 $FeCl_3$를 이용한 동판 식각 작업에서 발생된 폐식각액 및 폐수처리 슬러지	T
	유리 및 유리 제품제조	314-001-22*	황산구리를 환원제 이용한 구리 도금 작업에서 발생된 폐잔재물, 폐액 및 폐수처리 슬러지	T
	전자부품 제조	406-003-22	식동제를 이용한 식동작업에서 발생된 폐식동액	T
		406-004-22*	산을 이용한 구리 산화처리 작업에서 발생된 폐액 및 폐수처리 슬러지	T
HW23 아연이 함유된 폐기물	금속표면처리 및 열처리가공	346-102-23	열 아연 도금 작업에서 폐가스 처리 시 발생된 고형 폐기물	T
		346-103-23	열 아연 도금 작업에서 발생된 폐기된 용제, 조용제	T
	전지 제조	394-001-23	알칼리성 아연 망간 전지 생산과정 중 발생된 폐아연 슬러지	T
	비특정 업종	900-021-23*	수산화나트륨, 아연분말을 이용한 귀금속 침전과정 중	T

<table>
<tr><th>폐기물 종류</th><th>발생원</th><th>폐기물 코드</th><th>위험 폐기물</th><th>위험 특성</th></tr>
<tr><td></td><td></td><td></td><td>발생된 폐액 및 폐수처리 슬러지</td><td></td></tr>
<tr><td>HW24
비소가 함유된 폐기물</td><td>상용비철 금속광개발</td><td>091-002-24</td><td>황과 비소화합물 또는 기타 비소화합물이 함유된 금속 광석 개발과정 중 집진장치에서 수집된 분진</td><td>T</td></tr>
<tr><td>HW25
셀렌이 함유된 폐기물</td><td>기초화학 원료제조</td><td>261-045-25</td><td>셀레늄 화합물 생산과정 중 발생된 용재 집진 장치에서 수집된 분진 및 폐수처리 슬러지</td><td>T</td></tr>
<tr><td>HW26
카드뮴이 함유된 폐기물</td><td>전지 제조</td><td>394-002-26</td><td>니켈카드뮴 전지 생산과정 중 발생된 폐재 및 폐수처리 슬러지</td><td>T</td></tr>
<tr><td rowspan="4">HW27
안티몬이 함유된 폐기물</td><td rowspan="4">기초화학 원료제조</td><td>261-046-27</td><td>산화안티몬 생산과정 중 집진 장치에서 수집된 분진</td><td>T</td></tr>
<tr><td>261-047-27</td><td>안티몬 및 산화안티몬 생산과정 중 집진 장치에서 수집된 분진</td><td>T</td></tr>
<tr><td>261-048-27</td><td>산화안티몬 생산과정 중 발생된 용재</td><td>T</td></tr>
<tr><td>261-049-27</td><td>안티몬 및 산화안티몬 생산과정 중 발생된 용재</td><td>T</td></tr>
<tr><td>HW28
텔루륨이 함유된 폐기물</td><td>기초화학 원료제조</td><td>261-050-28</td><td>텔루륨 화합물 생산과정 중 발생된 용재 집진 장치에서 수집된 분진 및 폐수처리 슬러지</td><td>T</td></tr>
<tr><td rowspan="12">HW29
수은이 함유된 폐기물</td><td>원유 및 천연가스 채굴</td><td>071-003-29</td><td>천연가스 정화 과정 중 발생된 수은이 함유된 폐기물</td><td>T</td></tr>
<tr><td rowspan="2">귀금속광 채굴</td><td>092-001-29</td><td>황금선광 생산 작업에서 발생된 수은이 함유된 분진 잔재</td><td>T</td></tr>
<tr><td>092-002-29</td><td>수은광 개발과정 중 발생된 폐재 및 집진 장치에서 수집된 분진</td><td>T</td></tr>
<tr><td>인쇄</td><td>231-007-29</td><td>현상액, 수은화합물을 이용한 영상침전 및 현상액, $HgCl_2NH_2$를 이용한 영상산화시 발생된 폐액 및 잔재</td><td>T</td></tr>
<tr><td rowspan="3">기초화학 원료제조</td><td>261-051-29</td><td>수은 전해조법으로 염소 생산과정 중 염수정제 과정에서 발생된 염수 슬러지</td><td>T</td></tr>
<tr><td>261-052-29</td><td>수은 전해조법으로 염소 생산과정 중 발생된 폐수처리 슬러지</td><td>T</td></tr>
<tr><td>261-053-29</td><td>염소 생산과정 중 발생된 폐활성탄</td><td>T</td></tr>
<tr><td rowspan="2">합성재료 제조</td><td>265-001-29</td><td>염화비닐 정제 과정 중 활성탄 흡착법으로 수은이 함유된 폐수 처리 과정 중 발생된 폐활성탄</td><td>T,C</td></tr>
<tr><td>265-002-29</td><td>염화비닐 정제 과정 중 발생된 미량 산화수은이 흡착된 폐활성탄</td><td>T,C</td></tr>
<tr><td>전지 제조</td><td>394-003-29</td><td>수은이 함유된 전지 생산과정 중 발생된 폐재 및 폐수처리 슬러지</td><td>T</td></tr>
<tr><td>조명기구 제조</td><td>397-001-29</td><td>수은이 함유된 광원 생산과정 중 발생된 형광 분말, 폐활성탄</td><td>T</td></tr>
</table>

폐기물 종류	발생원	폐기물 코드	위험 폐기물	위험 특성
	통용측정기계 제조	411-001-29	수은 온도계 생산과정 중 발생된 폐재	T
	기초화학 원료제조	261-054-29	할로겐과 할로겐 화학품 생산과정 중 발생된 수은이 함유된 BaSO4 슬러지	T
HW29 수은이 함유된 폐기물	다종 발생원	900-022-29	폐기된 수은이 함유된 촉매제	T
		900-023-29	생산 판매 및 사용 과정 중 발생된 수은이 함유된 형광등	T
		900-024-29	생산 판매 및 사용 과정 중 발생된 수은 온도계 수은혈압계	T
HW30 탈륨이 함유된 폐기물	기초화학 원료제조	261-055-30	탈륨과 탈륨화합물 생산과정 중 발생된 용재 집진 장치에서 수집된 분진 및 폐수처리 슬러지	T
HW31 납이 함유된 폐기물	유리 및 유리 제품제조	314-002-31	납염과 산화납을 이용한 현상관유리 용융제련 작업에서 발생된 폐재	T
	인쇄	231-002-31	인쇄 회로판 제조과정 중 납주석 합금 도금시 발생된 폐액	T
	제강	322-001-31	전로 제강 과정 중 폐가스 제어장치에서 발생된 비산재 및 슬러지	T
	전지 제조	394-004-31	납 축전지 생산과정 중 발생된 폐재 및 폐수처리 슬러지	T
	공예미술품 제조	421-001-31	납박을 이용한 고발시금법(烤鉢試金法) 공정에서 발생된 폐기된 사발	T
	폐기된 자원과 폐재료회수 가공업	431-001-31	납 축전지 회수공업에서 발생된 폐잔재물 및 폐수처리 슬러지	T
	비특정 업종	900-025-31	Lead stearate를 이용한 항점성 도포 작업에서 발생된 폐기물	T
HW32 무기불소 화합물폐기물	비특정 업종	900-026-32*	불화 수소산을 이용한 유리식각 작업에서 발생된 폐식각액 폐재 및 폐수처리 슬러지	T
HW33 무기시안화물 폐기물	귀금속광 개발	092-003-33*	황금선광 생산작업에서 발생된 시안이 함유된 폐수처리 슬러지	T
	금속표면처리 및 열처리가공	346-104-33	시안화합물을 이용한 표면처리 작업에서 발생된 폐액	R,T
	비특정 업종	900-027-33	시안화합물을 이용한 표면강화, 알칼리성 기름 제거, 전해기름제거 작업에서 발생된 폐기물	R,T
		900-028-33	시안화합물을 이용한 금속도금층 벗기는 작업에서 발생된 폐기물	R,T
		900-029-33	시안화합물과 과산화수소수를 이용한 화학적 광택 작업에서 발생된 폐기물	R,T

폐기물 종류	발생원	폐기물 코드	위험 폐기물	위험 특성
HW34 폐산	석유정제 제품제조	251-014-34	석유정제 과정 중 발생된 폐산 및 슬러지	C,T
	기초화학 원료제조	261-056-34	황산법으로 titania 생산과정 중 발생된 폐산 및 슬러지	C,T
		261-057-34	황산, 아황산, 염산, 불화수소산, 인산, 아인산, 질산, 아질산 생산 조제 과정 중 발생된 폐산, 고형의 산성물질 및 잔재물	C
		261-058-34	할로겐과 할로겐 화학품 생산과정 중 발생된 폐액 및 폐산	C
	강철 압연 가공	323-001-34	강철 압연 과정 중 발생된 폐산성 세척액	C,T
	금속표면처리 및 열처리가공	346-105-34	청동 생산과정 중 발생된 폐산세척액	C
	전자부품 제조	406-005-34	산용액을 이용한 전해 기름 제거, 산을 이용한 부식, 활성화 전 표면 증감작업, 촉매 작업에서 발생된 폐산액	C
		406-006-34	질산을 이용한 천공 저항 작업에서 발생된 폐산액	C
		406-007-34	LCD 또는 IC회로판 생산과정 중 산침식제를 이용한 산화물 제거 작업에서 발생된 폐산액	C
	비특정 업종	900-300-34	산을 이용한 세척 작업에서 발생된 폐산	C
		900-301-34	황산을 이용한 산성탄화 작업에서 발생된 폐산	C
		900-302-34	황산을 이용한 산 부식 작업에서 발생된 폐산	C
		900-303-34	인산을 이용한 인화 작업에서 발생된 폐산	C
		900-304-34	산을 이용한 전해 기름제거, 금속 표면 활성화 작업에서 발생된 폐산	C
		900-305-34	질산을 이용한 불합격 도금층 제거 작업에서 발생된 폐산	C
		900-306-34	질산을 이용한 비활성화 작업에서 발생된 폐산	C
		900-307-34	산을 이용한 전해 광택 작업에서 발생된 폐산	C
		900-308-34	산을 이용한 화학 도금작업에서 발생된 폐산	C
		900-349-34*	기타 생산 판매 사용 과정 중 발생된 효력 상실, 변질, 불합격, 도태, 질낮은 강산성 세척 가루, 청결제, 얼룩 제거제 및 기타 폐산 고형물 상태의 산 및 잔재물	C
HW35 폐알칼리	석유정제 제품제조	251-015-35	석유 정제 과정 중 발생된 폐알칼리	C,T
	기초화학 원료제조	261-059-35	수산화칼슘, 암모나아수, 수산화나트륨, 수산화칼륨 등의 생산조제과정 중 발생된 폐알칼리성 액체, 고형 알칼리 및 알칼리 잔재	C
	가죽 무두질 및 제품가공	193-003-35	수산화칼슘, 황화칼슘을 이용한 알칼리 처리 작업에서 발생된 폐알칼리 액체	C
	펄프 제조	221-002-35	알칼리성법으로 펄프 소화 과정 중 발생된 폐알칼리성 액체, 잔재	C

폐기물 종류	발생원	폐기물 코드	위험 폐기물	위험 특성
HW35 폐알칼리	비특정 업종	900-350-35	수산화나트륨을 이용한 소화 과정 중 발생된 폐알칼리성 액체	C
		900-351-35	수산화나트륨을 이용한 머서가공 과정 중 발생된 폐알칼리성 액체	C
		900-352-35	알칼리를 이용한 세척 작업에서 발생된 폐알칼리성 액체	C
		900-353-35	알칼리를 이용한 세척 납 제거, 알칼리성 기름 제거, 전해 기름 제거 작업에서 발생된 폐알칼리성 액체	C
		900-354-35	알칼리를 이용한 전도저지층 또는 항식층을 제거하는 과정 중 발생된 폐알칼리성 액체	C
		900-355-35	알칼리를 이용한 산화막 침식과정 중 발생된 폐알칼리성 액체	C
		900-356-35	알칼리성 용액을 이용한 알칼리 기름 제거, 도형 현상 과정 중 발생된 폐알칼리성 액체	C
		900-399-35*	기타 생산 판매 사용 과정 중 발생된 효력 상실, 변질, 불합격, 도태, 질낮은 강산성 세척 가루, 청결제, 얼룩 제거제 및 기타 폐알칼리 고형알칼리 및 알칼리성 잔재물	C
HW36 폐석면	석면 선별	109-001-36	석면광 선별과정 중 발생된 석면재	T
	기초화학 원료제조	261-060-36	할로겐과 할로겐화학품 생산과정 중 전해 장치 교체 시 발생된 석면을 함유된 폐기물	T
	시멘트 및 석고 제품제조	312-001-36	석면 건축 재료 생산과정 중 발생된 석면 분진, 폐섬유, 폐석면융	T
	내화 재료 제조	316-001-36	석면 제품 생산과정 중 발생된 석면 분진, 폐섬유, 폐석면융	T
	자동차 제조	272-001-36	차량 브레이크 생산과정 중 발생된 석면폐기물	T
	선박 제조	375-001-36	선박 해체 과정 중 발생된 폐석면	T
	비특정 업종	900-030-36	기타 생산 작업 과정 중 발생된 폐석면	T
		900-031-36	석면이 함유된 폐기된 전자전기 장비, 절연재료, 건축재료 등	T
		900-032-36	석면 격막, 열 절연체등 석면이 함유된 시설의 수리 교체 및 차량 브레이크 교체 시 발생된 폐석면	T
HW37 유기인 화합물 폐기물	기초화학 원료제조	261-061-37	농약 제외 기타 유기인화합물 생산 조제 과정 중 발생된 반응 잔여물	T
		261-062-37	농약 제외 기타 유기인화합물 생산 조제 과정 중 발생된 여과물, 촉매제(담체 포함) 및 폐기된 흡착제	T
		261-063-37*	농약 제외 기타 유기인화합물 생산 조제 과정 중 발생된 폐수처리 슬러지	T
	비특정 업종	900-033-37	생산, 판매 및 사용 과정 중 발생된 폐기된 인산염 에스	T

<table>
<tr><th>폐기물 종류</th><th>발생원</th><th>폐기물 코드</th><th>위험 폐기물</th><th>위험 특성</th></tr>
<tr><td></td><td></td><td></td><td>테르계 합성유</td><td></td></tr>
<tr><td rowspan="6">HW38
유기시안 화합물 폐기물</td><td rowspan="6">기초화학 원료제조</td><td>261-064-38</td><td>폴리아크릴로니트릴 생산과정 중 폐수 탈기탑 아래의 유출물</td><td>R,T</td></tr>
<tr><td>261-065-38</td><td>폴리아크릴로니트릴 생산과정 중 CH_3CN 증류탑 아래의 유출물</td><td>R,T</td></tr>
<tr><td>261-066-38</td><td>폴리아크릴로니트릴 생산과정 중 CH_3CN 정제탑 아래의 잔재물</td><td>T</td></tr>
<tr><td>261-067-38</td><td>유기 시안화합물 생산과정 중 합성, 축합 등 반응 중 발생된 원액 및 반응 잔여물</td><td>T</td></tr>
<tr><td>261-068-38</td><td>유기 시안화합물 생산과정 중 촉매, 정류 및 여과 과정 중 발생된 폐촉매제 잔재 및 여과물</td><td>T</td></tr>
<tr><td>261-069-38</td><td>유기 시안화합물 생산과정 중 발생된 폐수처리 슬러지</td><td>T</td></tr>
<tr><td rowspan="4">HW39
페놀이 함유된 폐기물</td><td rowspan="2">코크스 제조</td><td>252-012-39</td><td>코크스 제련 업종 페놀 시안 생산과정 중 발생된 폐수처리 슬러지</td><td>T</td></tr>
<tr><td>252-013-39</td><td>석탄 가스 생산과정 중 발생된 폐수 처리 슬러지</td><td>T</td></tr>
<tr><td rowspan="2">기초화학 원료제조</td><td>261-070-39</td><td>페놀 및 페놀화합물 생산과정 중 발생된 반응 잔재물, 원액</td><td>T</td></tr>
<tr><td>261-071-39</td><td>페놀 및 페놀화합물 생산과정 중 발생된 흡착여과물, 폐촉매제, 정류잔재물</td><td>T</td></tr>
<tr><td>HW40
에테르가 함유된 폐기물</td><td>기초화학 원료제조</td><td>261-072-40</td><td>생산 조제 과정 중 발생된 에테르잔액, 반응 잔여물, 폐수처리 슬러지 및 여과잔재</td><td>T</td></tr>
<tr><td rowspan="8">HW41
할로겐족 폐유기용제</td><td>인쇄</td><td>231-009-41</td><td>유기용제를 이용한 고무판 인쇄 및 인쇄 도구 세척 시 발생된 할로겐족 폐유기용제</td><td>I,T</td></tr>
<tr><td rowspan="3">기초화학 원료제조</td><td>261-073-41</td><td>클로로벤젠 생산과정 중 제품 세척 작업에서 반응기에서 분리된 폐액</td><td>T</td></tr>
<tr><td>261-074-41</td><td>할로겐족 유기용제 생산 조제 과정 중 발생된 잔액, 흡착여과물, 반응 잔재, 폐수처리 슬러지 및 폐담체</td><td>T</td></tr>
<tr><td>261-075-41</td><td>할로겐족 유기용제 생산 조제 과정 중 발생된 폐기된 제품</td><td>T</td></tr>
<tr><td>전자부품 제조</td><td>406-008-41</td><td>폴리이미드유기용제를 이용한 LCD 도포, 액정체 충전 시 발생된 할로겐족 폐유기용제</td><td>I,T</td></tr>
<tr><td rowspan="3">비특정 업종</td><td>900-400-41</td><td>플라스틱 관봉 생산과정 중 유기용제 접착제를 이용한 직물응용 작업에서 발생된 할로겐족 폐유기용제</td><td>I,T</td></tr>
<tr><td>900-401-41</td><td>유기용제를 이용한 드라이클리닝, 세척, 페인트 벗김 작업, 용제 기름 제거, 광칠도포 시 발생된 할로겐족 폐유기용제</td><td>I,T</td></tr>
<tr><td>900-402-41</td><td>유기용제를 이용한 화칠 벗김 작업에서 발생된 할로겐</td><td>I,T</td></tr>
</table>

폐기물 종류	발생원	폐기물 코드	위험 폐기물	위험 특성
			족 폐유기용제	
		900-403-41	유기용제를 이용한 도형현상, 전도 저지층 또는 강식층 벗김 작업, 조한층 도포, 조한제 첨가, 증기 기름 제거 및 빛에 민감한 물질 도포 과정에서 발생된 할로겐족 폐유기용제	I,T
		900-449-41	기타 생산 판매 및 사용 과정 중 발생된 할로겐족 폐유기용제 수세척액 원액 슬러지	T
HW42 폐유기용제	인쇄	231-010-42	유기용제를 이용한 고무판 인쇄 및 인쇄 도구 세척 시 발생된 폐유기용제	I,T
	기초화학 원료제조	261-076-42	유기용제 생산 조제 과정 중 발생된 잔류액체, 흡착여과물, 반응 잔사, 수처리 슬러지 및 폐담체	T
		261-077-42	유기용제 생산 조제 과정 중 발생된 폐기된 제품	T
	전자부품 제조	406-009-42	폴리이미드 유기용제를 이용한 LCD 도포, 액정체 충전 시 발생된 폐유기용제	I,T
	가죽 무두질	191-001-42	피혁공업 유기용제가 함유된 기름 제거 폐기물	T
	모방직 및 염색 정밀가공	172-001-42	방직공업 염색 과정 중 유기용제가 함유된 기름 제거 폐기물	T
	비특정 업종	900-450-42	플라스틱 관봉 생산과정 중 유기용제 접착제를 이용한 직물응용 작업에서 발생된 폐유기용제	I,T
		900-451-42	유기용제를 이용한 탄소 제거, 드라이클리닝, 세척, 페인트 벗김 작업, 용제를 이용한 기름 제거, 래커 도포 시 발생된 폐유기용제	I,T
		900-452-42	유기용제를 이용한 사진 현상, 도금 저지층 또는 부식방지층의 벗김 작업, 납땜층 코팅, 조한제(송진) 첨가, 증기를 이용한 기름 제거 및 감광선 물질 도포시 발생된 폐유기용제	I,T
		900-499-42	기타 생산 판매 및 사용 과정 중 발생된 폐유기용제 수세척액 원액 슬러지	T
HW43 PCDFs류 폐기물	비특정 업종	900-034-43*	PCDFs류가 함유된 폐기물	T
HW44 PCDDs류 폐기물	비특정 업종	900-035-44*	PCDDs류가 함유된 폐기물	T
HW45	기초화학 원료제조	261-078-45	ethylene bromide, ethylene dibromide 생산과정 중 폐가스세척기에 발생된 세척폐액	T
		261-079-45	ethylene bromide, ethylene dibromide 생산과정 중 제품정제시 발생된 폐흡착제	T
		261-080-45	α-Chlorotoluene, Benzoyl chloride 및 이의 관능기가	T

폐기물 종류	발생원	폐기물 코드	위험 폐기물	위험 특성
HW45 유기할로겐 화물이 함유된 폐기물			함유된 화합물 생산과정 중 염소와 염산 회수 작업에서 발생된 유기용제와 흡착제	
		261-081-45	α-Chlorotoluene, Benzoyl chloride 및 이의 관능기가 함유된 화합물 생산과정 중 폐수처리 슬러지	T
		261-082-45	클로로에틸 생산과정 중 분류탑 중의 중유분	T
		261-083-45	카바이드 아세틸렌으로 염화비닐단체 생산과정 중 발생된 폐수처리 슬러지	T
		261-084-45	기타 유기 할로겐화물 생산 조제 과정 중 발생된 고농도 잔액, 흡착여과물, 반응잔재, 폐수처리 슬러지, 폐촉매제(HW39, HW41, HW42 중 폐기물 제외)	T
		261-085-45	기타 유기할로겐화물 생산조제과정 중 발생된 폐기된 제품(HW39, HW41, HW42 중 폐기물 제외)	T
		261-086-45	흑연 양극 격막법으로 염소와 수산화나트륨 생산과정 중 발생된 슬러지	T
	비특정 업종	900-036-45	기타 생산 판매 및 사용 과정 중 발생된 유기 할로겐화물이 함유된 폐기물(HW41 중의 폐기물 제외)	T
HW46 니켈이 함유된 폐기물	기초화학 원료제조	261-087-46	니켈화합물 생산과정 중 발생된 반응 잔여물 및 폐기물	T
	전지 제조	394-005-46*	니켈카드뮴 전지와 니켈수소 전지 생산과정 중 발생된 잔재 및 폐수처리 슬러지	T
	비특정 업종	900-037-46	폐기된 니켈촉매제	T
HW47 바륨이 함유된 폐기물	기초화학 원료제조	261-088-47	바륨화합물($BaSO_4$ 제외) 생산과정 중 발생된 용융재, 집진장치에서 수집된 분진, 반응 잔여물, 폐수처리 슬러지	T
	금속표면처리 및 열처리가공	346-106-47	열처리 공정에서의 salt slag	T
HW48 비철금속 제련폐기물	상용비철금속 제련	331-002-48*	구리 열 제련과정 중 폐가스 제어장치에서 발생된 비산재 및 슬러지	T
		331-003-48*	원광석 아연 정련 가공 과정에서 발생된 폐수처리 슬러지	T
		331-004-48	납, 아연 제련과정 중 통상의 아연광석 배소 침출법에서 발생된 슬래그	T
		331-005-48	납, 아연 제련과정 중 철명반석 생산을 위한 아연광석 배소 열산 침출법에서 발생된 철명반재	T
		331-006-48	납, 아연 제련과정 중 아연광석 배소 열산 침출법으로 발생된 황 슬러지	T
		331-007-48	납, 아연 제련과정 중 아연광석 배소 열산 침출법으로 발생된 침 철광 슬래그	T
		331-008-48	납, 아연제련과정 중 아연 침출액 정화과정에서 발생된 정화재, 아연 가루, xanthate법, 비소염법, 역 안티몬염	T

폐기물 종류	발생원	폐기물 코드	위험 폐기물	위험 특성
HW48 비철금속제련폐기물	상용비철금속 제련		법, 납-안티몬 합금 아연분말법등 작업으로 구리, 안티몬, 카드뮴, 코발트, 니켈 등 불순물 제거시 발생된 폐재	
		331-009-48	납, 아연 제련과정 중 음극아연주조 생산과정에서 발생된 주물 드로스	T
		331-010-48	납, 아연 제련과정 중 산화아연 침출작업에서 발생된 산화아연 침출재	T
		331-011-48	납, 아연 제련과정 중 송풍식 용광로 아연 증기 응축 분리 시스템에서 발생된 송풍식 용광로 재	T
		331-012-48	납 아연 제련과정 중 아연 정류로에서 발생된 아연잔재	T
		331-013-48	납, 아연 제련과정 중 납제련, 습식 아연제련 및 화법(火法) 아연제련시 금, 은, 비스무트, 카드뮴, 코발트, 인듐, 게르마늄, 탈륨, 텔루륨 등 유가 금속의 종합 회수시 발생된 회수잔재	T
		331-014-48*	납, 아연 제련과정 중 각종 건식 집진기에 수집된 각종 연기와 먼지	T
		331-015-48	동, 아연 제련과정 중 산성 가스 생산과정 중 발생된 폐염화제일수은	T
		331-016-48	원광 아연 정련 가공 과정 중 발생된 부재 및 슬러지	T
		331-017-48	납, 아연 제련과정 중 납제련 송풍식 용광로에 발생된 황 슬래그	T
		331-018-48	납, 아연 제련과정 중 원광 납 정련 시 발생된 정련 슬래그	T
		331-019-48	납, 아연 제련과정 중 납 전해 과정에서 발생된 양극슬러지	T
		331-020-48	납, 아연 제련과정 중 음극 납 정련 과정에서 발생된 산화납 슬래그 및 알칼리 슬래그	T
		331-021-48	납, 아연 제련과정 중 원광의 아연배소 열산침출법으로 철명반석, 침철광법 생산시 발생되는 납－은 슬래그	T
		331-022-48	납, 아연 제련과정 중 발생된 폐수 처리 슬러지	T
		331-023-48	원광 알루미늄 정련 가공 과정 중 발생된 폐기된 전해전지	T
		331-024-48	알루미늄 제련과정 중 발생된 1차로 슬래그	T
		331-025-48	원광 알루미늄 정련가공과정 중 발생된 염 슬래그와 드로스	T
		331-026-48	알루미늄 제련과정 중 발생된 인화성 슬래그	R
		331-027-48*	구리 재생 과정 중 발생된 비산재 및 폐수처리 슬러지	T
		331-028-48*	아연 재생 과정 중 발생된 비산재 및 폐수처리 슬러지	T
		331-029-48	납 재생 과정 중 발생된 비산재 및 잔재	T

폐기물 종류	발생원	폐기물 코드	위험 폐기물	위험 특성
	귀금속 제련	331-001-48	수은 회수 과정에서 발생된 폐슬래그 및 폐수처리 슬러지	T
HW49 기타폐기물	환경 제어	802-006-49	위험 폐기물의 물리화학적 처리 과정 중 발생된 폐수처리 슬러지 및 잔재	T
	비특정 업종	900-038-49	액체 폐촉매제	T
		900-039-49	기타 무기 화공 업종 생산과정 중 발생된 폐활성탄	T
		900-040-49	기타 무기 화공 업종 생산과정 중 수집된 연기와 먼지	T
		900-041-49	위험폐기물을 함유 또는 직접 오염된 폐기된 포장물, 용기, 세척 잡물	T/C/In/I/R
		900-042-49	돌발성 오염 사고 발생 시 발생된 폐기된 위험화학품 및 정리 시 발생된 폐기물	T/C/In/I/R
		900-043-49	돌발성 오염 사고 발생 시 발생된 오염 토양	T/C/In/I/R
		900-044-49	공업생산생활 및 기타활동 중 발생된 폐전자전기제품, 전자전기장비, 해체, 파쇄 등 처리 후 수집된 납산 전지, 니켈-카드뮴 전지, 산화수은전지, 수은스위치, 음극선관 및 PCBs 축전기 등 부품	T
		900-045-49	폐기된 인쇄 회로판	T
		900-046-49	이온교환장치 재생 과정 중 발생된 폐액 및 슬러지	T
		900-047-49	연구, 개발 및 교육 과정에서 화학 또는 생물 실험실에서 발생된 폐기물(HW03, 900-999-49 제외)	T/C/In/I/R
		900-999-49	사용하지 않고 모든 사람이 포기한 것; 도태, 위조, 기한을 넘긴 효력 상실된 것; 관련 법에 의거 수집되어 공공시설에 보내진 위험 화학품	T

위험 특성	영어	약칭	위험 특성	영어	약칭
부식성	Corrosivity	C	반응성	Reactivity	R
독 성	Toxicity	T	감염성	Infectivity	In
인화성	Ignitability	I			

* : 발생원이 복잡하고, 위험특성 존재의 예외 가능성이 있고, 국가가 명확한 감별기준을 갖고 있는 위험폐기물은 본 목록에서 * 로 표시함. 이런 위험폐기물을 발생시키는 사업장이 발생된 폐기물이 위험성이 없다는 충분한 증거를 증명하면 이 폐기물의 관리는 위험폐기물에 의거하여 관리하지 않아도 된다.

부록 3 폐기물 관련 전공 용어 대조표

(영어 – 한국어 – 중국어)

영어	한국어	중국어	병음(拼音)
1,2-dichlorobenzene	1,2-디클로로벤젠	1,2-二氯苯	1,2-èrlùběn
1,4-dichlorobenzene	1,4-디클로로벤젠	1,4-二氯苯	1,4-èrlùběn
2,4,6-trichlorophenol	2,4,6-트리클로로페놀	2,4,6-三氯苯酚	2,4,6-sānlùběnfēn
2,4-dichlorophenol	2,4-디클로로페놀	2,4-二氯苯酚	2,4-èrlùběnfēn
2,4-dinitrochlorobenzene	2,4-디니트로벤젠	2,4-二硝基氯苯	2,4-èrxiāojīlùběn
absorbance	흡광도	吸光度, 吸收度	xīguāngdù, xīshōudù
absorption spectrometer	흡광광도계	吸收分光光度計	xīshōufēnguāngguāngdùjì
acetate	초산 이온	乙酸盐	yǐsuānyán
acetic acid	초산	乙酸, 醋酸	yǐsuān, cùsuān
acetone	아세톤	丙酮	bǐngtóng
acid	산	酸	suān
acid rain	산성비	酸雨	suānyǔ
acrylonitrile	아크릴로니트릴	丙烯腈	bǐngxījīng
activated carbon	활성탄	活性炭	huóxìngtàn
activated sludge	활성슬러지	活性污泥	huóxìngwūní
aeration	폭기	曝气	pùqì
aerobic bacteria	호기성 미생물	好氧菌	hǎoyǎngjūn
alkalinity	알칼리도	碱度	jiǎndù
alkyl	알킬	烷基	wánjī
alum	명반	明矾	míngfán
aluminum	알루미늄	铝	lǚ
ammonia	암모니아	氨	ān
anaerobic bacteria	혐기성 미생물	厌氧菌	yànyǎngjūn
arsenic	비소	砷	shēn
asbestos	석면	石棉	shímián
barium	바륨	钡	bèi
Bazel Convention	바젤협약	巴塞尔公约	basèěrgōngyuē
beaker	비이커	烧杯	shāobēi
benzo(a)pyrene	벤조피렌	苯并(a)芘	běnbìng(a)pí
carbon tetrachloride	사염화탄소	四氯化碳	sìlǜhuàtàn

영어	한국어	중국어	병음(拼音)
chlorobenzene	클로로벤젠	氯苯	lùběn
chloroform	클로로포름	三氯甲烷	sānlǜjiǎwán
coagulation	응집	混凝	hùnníng
colloid	콜로이드	胶体	jiāotǐ
compaction	압축	压实	yāshí
composting	퇴비화	堆肥化	duīféihuà
concentration	농도, 농축	浓度, 浓缩	nóngdù, nóngsuō
conical flask	삼각플라스크	锥形瓶	zhuīxíngpíng
construction and demolition waste	건설폐기물	拆建废料	chāijiànfèiliào
copper	구리	铜	tóng
crushing	파쇄	破碎	pòsuì
cyanide	시안, 시안화물	氰化物	qínghuàwù
daily cover	일일복토	每日覆盖	měirìfùgài
DDT	디디티	滴滴涕	dīdītì
deionized water	탈염수	去离子水	qùlízǐshuǐ
denitrification	탈질	反硝化作用	fǎnxiāohuàzuòyòng
detergent	합성세제	洗涤剂	xǐdíjì
digestion	분해	消解	xiāojiě
dibutyl phthalate	디부틸 프탈레이트	邻苯二甲酸二丁酯	línběnèrjiǎsuānèrdīngzhǐ
dimethoate	다이메토에이트	乐果	lè guǒ
dinitrobenzene	디니트로벤젠	二硝基苯	èrxiāojīběn
dioxin	다이옥신	二恶英	èr'èyīng
disposal	처분	处置	chǔzhì
electrostatic precipitator	전기집진기	静电除尘器	jìngdiànchúchénqì
Environmental Protection Agency	환경보호청	环境保护署	huánjìngbǎohùshǔ
ethyl alcohol	에탄올	乙醇	yǐchún
ethylbenzene	에틸벤젠	乙苯	yǐběn
extended producer responsibility	생산자책임재활용 제도	生产者责任延伸制度	shēngchǎnzhě zérènyánshēnzhìdù
Fenton reaction	펜톤 반응	芬顿反应	fēndùnfǎnyìng
filtration	여과	过滤	guòlǜ
flexible membrane liner	합성차수막	柔性薄膜衬底	róuxìngbómóchèndǐ
fludized bed	유동상	流化床	liúhuàchuáng
fluorine	불소	氟	fú
gas chromatograph	가스크로마토그래프	气相色谱仪	qìxiāngsèpǔyí

영어	한국어	중국어	병음(拼音)
garbage	음식물쓰레기	厨余垃圾	chúyúlājī
grate type incinerator	화격자 소각로	炉排炉	lúlúpái
halogenated organic solvent	할로겐족 유기용매	卤代有机溶剂	lǔdàiyǒujīróngjì
hazardous compound	유해화합물	有害化合物	yǒuhàihuàhéwù
hazardous waste	유해폐기물	有害废物, 危险废物	yǒuhàifèiwù wēixiǎnfèiwù
heavy metal	중금속	重金属	zhòngjīnshǔ
hectare	헥타아르	公顷	gōngqīng
Henry's law	헨리의 법칙	亨利定律	hēnglìdìnglǜ
heterotroph	종속영양미생물	异养生物	yìyǎngshēngwù
hexachlorobenzene	헥사클로로벤젠	六氯苯	liùlǜběn
humic material	휴믹물질	腐植质	fǔzhízhì
hydrogen chloride	염화수소	氯化氢	lǜhuàqīng
hydrogen ion	수소 이온	氢离子	qīnglízǐ
hydrogen peroxide	과산화수소	过氧化氢	guòyǎnghuàqīng
impermeable liner	차수층	防渗衬层	fángshènchèncéng
incineration	소각	垃圾焚烧	lājīfénshāo
incinerator	소각로	焚烧炉	fénshāolú
industrial waste	산업폐기물	事业废弃物	shìyèfèiqìwù
inorganic nitrogen	무기성 질소	无机氮	wújīdàn
iodine	요오드(아이오딘)	碘	diǎn
ion	이온	离子	lízǐ
ion exchange	이온교환	离子交换	lízǐjiāohuàn
iron	철	铁	tiě
isothermal adsorption	등온흡착	等温吸附	děngwēnxīfù
kerosene	등유	煤油	méiyóu
kilojoules	킬로줄(KJ)	千焦耳	qiānjiāoěr
Kjeldahl nitrogen	켈달 질소	凯氏定氮	kǎishìdìngàn
landfill	매립지	填埋场	tiánmáichǎng
landfill gas	매립지 가스	填埋气	tiánmáiqì
Langmuir	랭뮤어	朗格缪尔	lǎnggémiùěr
leachate	침출수	渗滤液	shènlǜyè
leachate recirculation	침출수 재순환	渗滤液回灌	shènlǜyèhuíguàn
leachate treatment	침출수 처리	渗滤液处理	shènlǜyèchǔlǐ
leaching agent	용출액	浸提剂	jìntíjì
lead	납	铅	qiān
leakage	누출	渗漏	shènlòu

영어	한국어	중국어	병음(拼音)
life cycle analysis	전과정평가	生命周期分析	shēngmìngzhōuqīfēnxī
malathion	말라티온	马拉硫磷	mǎ lā liú lín
manifest system	전표제도	转移联单制度	zhuǎnyíliándānzhìdù
mercury	수은	汞	gǒng
methane	메탄	甲烷	jiǎwán
methyl parathion	메틸파라티온	甲基对硫磷	jiǎjīduìliúlín
methylmercury	메틸수은	甲基汞	jiǎjīgǒng
mirex	mirex	灭蚁灵	mièyǐlíng
municipal solid waste	도시생활폐기물	城市固体废物	chéngshìgùtǐfèiwù
naphthalene	나프탈렌	萘	nài
n-hexane	노르말 헥산	正己烷	zhèngjǐwán
nickel	니켈	镍	niè
nitrobenzene	니트로벤젠	硝基苯	xiāojīběn
nitrochlorobenzene	니트로클로로벤젠	对硝基氯苯	duìxiāojīlùběn
nitrogen	질소	氮	dàn
nitrogen oxides	질소산화물	氮氧化物	dànyǎnghuàwù
not in my backyard	님비현상	临避主义	línbìzhǔyì
octyl phthalate	옥틸 프탈레이트	邻苯二甲酸二辛酯	línběnèrjiǎsuānèrxīnzhǐ
parathion	파라티온	对硫磷	duìliúlín
PCBs	PCBs	多氯联苯	duōlǜliánběn
pentachlorophenol	PCP	五氯酚	wǔlǜfēn
peristaltic pump	연동펌프	蠕动泵	rúdòngbèng
phenol	페놀	苯酚	běnfēn
polyaromatic hydrocarbon	다환방향족탄화수소	多环芳烃	duōhuánfāngtīng
polychlorinated dibenzofuran	퓨란	多氯二苯并呋喃	duōlǜèrběnbìngfūnán
polychlorinated dibenzo-p-dioxin	다이옥신	多氯二苯并对二英	duōlǜèrběnbìngduìèr'yīng
polyethylene	폴리에틸렌	聚乙烯	jùyǐxī
polyethylene terephthalate	폴리에틸렌 테레프탈레이트	聚对苯二甲酸乙二酯	jùduìjùduìběnèrjiǎ suānyǐèrzhǐ
polyvinyl chloride	폴리염화비닐	聚氯乙烯	jùlǜyǐxī
porosity	공극률	孔隙度	kǒngxìdù
potassium	칼륨	钾	jiǎ
precipitation	침전/강수	沉淀/降水	chéndiàn / jiàngshuǐ
pyrolysis	열분해	热解	rèjiě
redox potential	산화환원전위	氧化还原电势	yǎnghuàhuányuán diànshì

영어	한국어	중국어	병음(拼音)
reduction	환원	还原	huányuán
refuse derived fuel	생활폐기물 고형연료제품	垃圾衍生燃料	lājīyǎnshēngránliào
reverse osmosis	역삼투	反渗透	fǎnshèntòu
risk assessment	위해성 평가	风险评估	fēngxiǎnpínggū
rotary kiln	회전로	回转窑	huízhuǎnyáo
sample	시료	样品	yàngpǐn
sampling	시료채취	采样	cǎiyàng
sanitary landfill	위생매립	卫生填埋	wèishēngtiánmái
selenium	셀레늄	硒	xī
separation	분리	分选	fēnxuǎn
sieve	체	筛	shāi
screening	체선별	筛分	shāifēn
silica gel	실리카겔	硅胶	guījiāo
sludge	슬러지,오니	污泥	wūní
sodium	나트륨,소듐	钠	nà
soil wash	토양세척	土壤淋洗	tǔrǎnglínxǐ
sodium hydroxide	수산화나트륨	氢氧化钠	qīngyǎnghuà'nà
stack	굴뚝	烟囱	yāncōng
storage	보관	贮存	zhùcún
substrate	기질	基质	jīzhì
sulfur dioxide	이산화황	二氧化硫	èryǎnghuàliú
tetrachlorethylene	테트라클로로에틸렌	四氯乙烯	sìlǜyǐxī
titanium dioxide	이산화티타늄	二氧化钛	èryǎnghuàtài
toluene	톨루엔	甲苯	jiǎběn
toxaphene	톡사펜	毒杀芬	dúshāfēn
transfer station	적환장	转运站	zhuǎnyùnzhàn
trichloroethylene	트리클로로에틸렌	三氯乙烯	sānlǜyǐxī
urban mining	도시광산	城市矿山	chéngshìkuàngshān
xylene	자일렌	二甲苯	èrjiǎběn
zinc	아연	锌	xīn

부록 4 폐기물 관련 전공 용어 대조표

(한국어 – 영어 – 중국어)

한국어	영어	중국어	병음(拼音)
1,2-디클로로벤젠	1,2-dichlorobenzene	1,2-二氯苯	1,2-èrlùběn
1,4-디클로로벤젠	1,4-dichlorobenzene	1,4-二氯苯	1,4-èrlùběn
2,4,6-트리클로로페놀	2,4,6-trichlorophenol	2,4,6-三氯苯酚	2,4,6-sānlùběnfēn
2,4-디니트로벤젠	2,4-dinitrochlorobenzene	2,4-二硝基氯苯	2,4-èrxiāojīlùběn
2,4-디클로로페놀	2,4-dichlorophenol	2,4-二氯苯酚	2,4-èrlùběnfēn
mirex	mirex	灭蚁灵	mièyǐlíng
PCBs	PCBs	多氯联苯	duōlǜliánběn
PCP	pentachlorophenol	五氯酚	wǔlǜfēn
가스크로마토그래프	gas chromatograph	气相色谱仪	qìxiāngsèpǔyí
건설폐기물	construction and demolition waste	拆建废料	chāijiànfèiliào
공극률	porosity	孔隙度	kǒngxìdù
과산화수소	hydrogen peroxide	过氧化氢	guòyǎnghuàqīng
구리	copper	铜	tóng
굴뚝	stack	烟囱	yāncōng
기질	substrate	基质	jīzhì
나트륨, 소듐	sodium	钠	nà
나프탈렌	naphthalene	萘	nài
납	lead	铅	qiān
노르말 헥산	n-hexane	正己烷	zhèngjǐwán
농도,농축	concentration	浓度, 浓缩	nóngdù, nóngsuō
누출	leakage	渗漏	shènlòu
니켈	nickel	镍	niè
니트로벤젠	nitrobenzene	硝基苯	xiāojīběn
니트로클로로벤젠	nitrochlorobenzene	对硝基氯苯	duìxiāojīlùběn
님비현상	not in my backyard	临避主义	línbìzhǔyì
다이메토에이트	dimethoate	乐果	lèguǒ
다이옥신	dioxin	二恶英	èr'èyīng
다이옥신	polychlorinated dibenzo-p-dioxin	多氯二苯并对二英	duōlǜèrběnbìngduìèr'yīng

한국어	영어	중국어	병음(拼音)
다환방향족 탄화수소	polyaromatic hydrocarbon	多环芳烃	duōhuánfāngtīng
도시광산	urban mining	城市矿山	chéngshìkuàngshān
도시생활폐기물	municipal solid waste	城市固体废物	chéngshìgùtǐfèiwù
등온흡착	isothermal adsorption	等温吸附	děngwēnxīfù
등유	kerosene	煤油	méiyóu
디니트로벤젠	dinitrobenzene	二硝基苯	èrxiāojīběn
디디티	DDT	滴滴涕	dīdītì
디부틸 프탈레이트	dibutyl phthalate	邻苯二甲酸二丁酯	línběnèrjiǎsuānèrdīngzhǐ
랭뮤어	Langmuir	朗格缪尔	lǎnggémiùěr
말라티온	malathion	马拉硫磷	mǎlāliúlín
매립지	landfill	填埋场	tiánmáichǎng
매립지 가스	landfill gas	填埋气	tiánmáiqì
메탄	methane	甲烷	jiǎwán
메틸수은	methylmercury	甲基汞	jiǎjīgǒng
메틸파라티온	methyl parathion	甲基对硫磷	jiǎjīduìliúlín
명반	alum	明矾	míngfán
무기성 질소	inorganic nitrogen	无机氮	wújīdàn
바륨	barium	钡	bèi
바젤협약	Bazel Convention	巴塞尔公约	basèěrgōngyuē
벤조피렌	benzo(a)pyrene	苯并(a)芘	běnbìng(a)pí
보관	storage	贮存	zhùcún
분리	separation	分选	fēnxuǎn
분해	digestion	消解	xiāojiě
불소	fluorine	氟	fú
비소	arsenic	砷	shēn
비이커	beaker	烧杯	shāobēi
사염화탄소	carbon tetrachloride	四氯化碳	sìlǜhuàtàn
산	acid	酸	suān
산성비	acid rain	酸雨	suānyǔ
산업폐기물	industrial waste	事业废弃物	shìyèfèiqìwù
산화환원전위	redox potential	氧化还原电势	yǎnghuàhuányuán diànshì
삼각플라스크	conical flask	锥形瓶	zhuīxíngpíng
생산자책임재활용 제도	extended producer responsibility	生产者责任延伸制度	shēngchǎnzhě zérènyánshēnzhìdù
생활폐기물 고형연료제품	refuse derived fuel	垃圾衍生燃料	lājīyǎnshēngránliào
석면	asbestos	石棉	shímián

한국어	영어	중국어	병음(拼音)
셀레늄	selenium	硒	xī
소각	incineration	垃圾焚烧	lājīfénshāo
소각로	incinerator	焚烧炉	fénshāolú
수산화나트륨	sodium hydroxide	氢氧化钠	qīngyǎnghuà'nà
수소 이온	hydrogen ion	氢离子	qīnglízǐ
수은	mercury	汞	gǒng
슬러지, 오니	sludge	污泥	wūní
시료	sample	样品	yàngpǐn
시료채취	sampling	采样	cǎiyàng
시안, 시안화물	cyanide	氰化物	qínghuàwù
실리카겔	silica gel	硅胶	guījiāo
아세톤	acetone	丙酮	bǐngtóng
아연	zinc	锌	xīn
아크릴로니트릴	acrylonitrile	丙烯腈	bǐngxījīng
알루미늄	aluminum	铝	lǚ
알칼리도	alkalinity	碱度	jiǎndù
알킬	alkyl	烷基	wánjī
암모니아	ammonia	氨	ān
압축	compaction	压实	yāshí
에탄올	ethyl alcohol	乙醇	yǐchún
에틸벤젠	ethylbenzene	乙苯	yǐběn
여과	filtration	过滤	guòlǜ
역삼투	reverse osmosis	反渗透	fǎnshèntòu
연동펌프	peristaltic pump	蠕动泵	rúdòng bèng
열분해	pyrolysis	热解	rèjiě
염화수소	hydrogen chloride	氯化氢	lǜhuàqīng
옥틸 프탈레이트	octyl phthalate	邻苯二甲酸二辛酯	línběnèrjiǎsuānèrxīnzhǐ
요오드(아이오딘)	iodine	碘	diǎn
용출액	leaching agent	浸提剂	jìntíjì
위생매립	sanitary landfill	卫生填埋	wèishēngtiánmái
위해성 평가	risk assessment	风险评估	fēngxiǎnpínggū
유동상	fludized bed	流化床	liúhuàchuáng
유해폐기물	hazardous waste	有害废物, 危险废物	yǒuhàifèiwù wēixiǎnfèiwù
음식물쓰레기	garbage	厨余垃圾	chúyúlājī
유해화합물	hazardous compound	有害化合物	yǒuhàihuàhéwù
응집	coagulation	混凝	hùnníng
이산화티타늄	titanium dioxide	二氧化钛	èryǎnghuàtài

한국어	영어	중국어	병음(拼音)
이산화황	sulfur dioxide	二氧化硫	èryǎnghuàliú
이온	ion	离子	lízǐ
이온교환	ion exchange	离子交换	lízǐjiāohuàn
일일복토	daily cover	每日覆盖	měirìfùgài
자일렌	xylene	二甲苯	èrjiǎběn
적환장	transfer station	转运站	zhuǎnyùnzhàn
전과정평가	life cycle analysis	生命周期分析	shēngmìngzhōuqīfēnxī
전기집진기	electrostatic precipitator	静电除尘器	jìngdiànchúchénqì
전표제도	manifest system	转移联单制度	zhuǎnyíliándānzhìdù
종속영양미생물	heterotroph	异养生物	yìyǎngshēngwù
중금속	heavy metal	重金属	zhòngjīnshǔ
질소	nitrogen	氮	dàn
질소산화물	nitrogen oxides	氮氧化物	dànyǎnghuàwù
차수층	impermeable liner	防渗衬层	fángshènchèncéng
처분	disposal	处置	chǔzhì
철	iron	铁	tiě
체	sieve	筛	shāi
체선별	screening	筛分	shāifēn
초산	acetic acid	乙酸,醋酸	yǐsuān, cùsuān
초산 이온	acetate	乙酸盐	yǐsuānyán
침전/강수	precipitation	沉淀/降水	chéndiàn / jiàngshuǐ
침출수	leachate	渗滤液	shènlǜyè
침출수 재순환	leachate recirculation	渗滤液回灌	shènlǜyèhuíguàn
침출수 처리	leachate treatment	渗滤液处理	shènlǜyèchǔlǐ
칼륨	potassium	钾	jiǎ
켈달 질소	Kjeldahl nitrogen	凯氏定氮	kǎishìdìngàn
콜로이드	colloid	胶体	jiāotǐ
클로로벤젠	chlorobenzene	氯苯	lǜběn
클로로포름	chloroform	三氯甲烷	sānlǜjiǎwán
킬로줄(KJ)	kilojoules	千焦耳	qiānjiāoěr
탈염수	deionized water	去离子水	qùlízǐshuǐ
탈질	denitrification	反硝化作用	fǎnxiāohuàzuòyòng
테트라클로로에틸렌	tetrachlorethylene	四氯乙烯	sìlǜyǐxī
토양세척	soil wash	土壤淋洗	tǔrǎnglínxǐ
톡사펜	toxaphene	毒杀芬	dúshāfēn
톨루엔	toluene	甲苯	jiǎběn
퇴비화	composting	堆肥化	duīféihuà

한국어	영어	중국어	병음(拼音)
트리클로로에틸렌	trichloroethylene	三氯乙烯	sānlǜyǐxī
파라티온	parathion	对硫磷	duìliúlín
파쇄	crushing	破碎	pòsuì
페놀	phenol	苯酚	běnfēn
펜톤 반응	Fenton reaction	芬顿反应	fēndùnfǎnyìng
폭기	aeration	曝气	pùqì
폴리에틸렌	polyethylene	聚乙烯	jùyǐxī
폴리에틸렌 테레프탈레이트	polyethylene terephthalate	聚对苯二甲酸乙二酯	jùduìjùduìběnèrjiǎ suānyǐèrzhǐ
폴리염화비닐	polyvinyl chloride	聚氯乙烯	jùlǜyǐxī
퓨란	polychlorinated dibenzofuran	多氯二苯并呋喃	duōlǜèrběnbìngfūnán
할로겐족 유기용매	halogenated organic solvent	卤代有机溶剂	lǔdàiyǒujīróngjì
합성세제	detergent	洗涤剂	xǐdíjì
합성차수막	flexible membrane liner	柔性薄膜衬底	róuxìngbómóchèndǐ
헥사클로로벤젠	hexachlorobenzene	六氯苯	liùlǜběn
헥타아르	hectare	公顷	gōngqīng
헨리의 법칙	Henry's law	亨利定律	hēnglìdìnglǜ
혐기성 미생물	anaerobic bacteria	厌氧菌	yànyǎngjūn
호기성 미생물	aerobic bacteria	好氧菌	hǎoyǎngjūn
화격자 소각로	grate type incinerator	炉排炉	lúlúpái
환경미화원	Cleaner	保洁员	bǎojiéyuán
환경보호청	Environmental Protection Agency	环境保护署	huánjìngbǎohùshǔ
환원	reduction	还原	huányuán
활성슬러지	activated sludge	活性污泥	huóxìngwūní
활성탄	activated carbon	活性炭	huóxìngtàn
회전로	rotary kiln	回转窑	huízhuǎnyáo
휴믹물질	humic material	腐植质	fǔzhízhì
흡광광도계	absorption spectrometer	吸收分光光度計	xīshōufēnguāngguāngdùjì
흡광도	absorbance	吸光度, 吸收度	xīguāngdù, xīshōudù

부록 5 주요 원소명

영어	원소기호	원자량	한국어	중국어	병음(拼音)
aluminum	Al	26.982	알루미늄	铝	lǚ
antimony	Sb	121.7	안티몬	锑	tī
argon	Ar	39.948	아르곤	氩	yà
arsenic	As	74.92160	비소	砷	shēn
barium	Ba	137.33	바륨	钡	bèi
beryllium	Be	9.01	베릴륨	铍	pí
boron	B	10.81	붕소	硼	péng
bromine	Br	79.904	브롬	溴	xiù
cadmium	Cd	112.41	카드뮴	镉	gé
calcium	Ca	40.078	칼슘	钙	gài
carbon	C	12.01	탄소	碳	tàn
cesium	Cs	132.9054	세슘	铯	sè
chlorine	Cl	35.45	염소	氯	lǜ
chromium	Cr	51.996	크롬	铬	gè
cobalt	Co	58.9332	코발트	钴	gǔ
copper	Cu	63.55	구리	铜	tóng
fluorine	F	18.99840	불소	氟	fú
gold	Au	196.967	금	金	jīn
helium	He	4.002602	헬륨	氦	hài
hydrogen	H	1.00794	수소	氢	qīng
iodine	I	126.905	요오드(아이오딘)	碘	diǎn
iron	Fe	55.845	철	铁	tiě
lead	Pb	207.2	납	铅	qiān
lithium	Li	6.94	리튬	锂	lǐ
magnesium	Mg	24.3050	마그네슘	镁	měi
manganese	Mn	54.94	망간	锰	měng

mercury	Hg	200.5	수은	汞	gǒng
molybdenum	Mo	95.94	몰리브덴	钼	mù
neon	Ne	20.17	네온	氖	nǎi
nickel	Ni	58.69	니켈	镍	niè
nitrogen	N	14.007	질소	氮	dàn
oxygen	O	15.9994	산소	氧	yǎng
phosphorus	P	30.97376	인	磷	lín
potassium	K	39.098	칼륨	钾	jiǎ
selenium	Se	78.96	셀레륨	硒	xī
silicon	Si	28.0855	실리콘	硅	guī
silver	Ag	107.868	은	银	yín
sodium	Na	22.9898	나트륨, 소듐	钠	nà
sulfur	S	32.065	황	硫	liú
tin	Sn	118.71	주석	锡	xī
titanium	Ti	47.9	티타늄	钛	tài
tungsten	W	183.8	텅스텐	钨	wū
uranium	U	238.0	우라늄	铀	yóu
vanadium	V	50.9415	바나듐	钒	fán
zinc	Zn	65.38	아연	锌	xīn

부록 6 2012년도 중국 생활폐기물 처리시설 무해화 등급 평가명단

부 6.1 2012년 중국 도시생활폐기물 매립지 명단

2012 年城市生活垃圾无害化Ⅰ级填埋场名单

序号	省、自治区、直辖市	城市	填埋场名称	等级
1.	安徽	蚌埠市	蚌埠市生活垃圾填埋场	Ⅰ级
2.		淮南市	淮南市东部生活垃圾填埋场	Ⅰ级
3.		滁州市	滁州市生活垃圾填埋场	Ⅰ级
4.		宣城市	宣城市生活垃圾填埋场	Ⅰ级
5.		宁国市	宁国市生活垃圾填埋场	Ⅰ级
6.	福建	厦门市	厦门市东部固废填埋场生活垃圾填埋场	Ⅰ级
7.		福州市	福州市红庙岭垃圾填埋场二期工程	Ⅰ级
8.	甘肃	张掖市	甘州区生活垃圾填埋场	Ⅰ级
9.		定西市	定西市生活垃圾填埋场	Ⅰ级
10.		敦煌市	敦煌市生活垃圾填埋场	Ⅰ级
11.	广东	河源市	河源市七寨生活垃圾卫生填埋场	Ⅰ级
12.		佛山市	佛山市三水区白泥坑垃圾卫生填埋场	Ⅰ级
13.		鹤山市	鹤山市生活垃圾卫生填埋场	Ⅰ级
14.		梅州市	梅州市奇龙坑垃圾填埋场	Ⅰ级
15.		阳江市	阳江市奕垌生活垃圾综合处理场	Ⅰ级
16.	广西	柳州市	柳州市立冲沟生活垃圾填埋场	Ⅰ级
17.		桂平市	桂平市生活垃圾填埋场	Ⅰ级
18.	贵州	贵阳市	比例坝垃圾填埋场	Ⅰ级
19.	海南	三亚市	三亚市生活垃圾卫生填埋场	Ⅰ级
20.		儋州市	儋州市生活垃圾卫生填埋场	Ⅰ级
21.	河北	武安市	武安市生活垃圾无害化填埋场	Ⅰ级
22.		黄骅市	黄骅市生活垃圾卫生填埋场	Ⅰ级
23.		河间市	河间市生活垃圾处理场	Ⅰ级
24.		任丘市	任丘市生活垃圾填埋场	Ⅰ级

序号	省、自治区、直辖市	城市	填埋场名称	等级
25.		唐山市	唐山市古冶区垃圾填埋场	Ⅰ级
26.		张家口	张家口市主城区生活垃圾填埋场	Ⅰ级
27.		高碑店	高碑店市城市生活垃圾卫生填埋场	Ⅰ级
28.		辛集市	辛集市生活垃圾无害化填埋场	Ⅰ级
29.		藁城市	藁城市生活垃圾填埋场	Ⅰ级
30.	河南	巩义市	巩义市生活垃圾无害化处理场	Ⅰ级
31.		舞钢市	舞钢市城市生活垃圾处理中心	Ⅰ级
32.		许昌市	许昌市旺田生活垃圾综合处理中心	Ⅰ级
33.		新密市	新密市城市生活垃圾无害化处理场	Ⅰ级
34.	湖北	安陆市	安陆城区垃圾处理场	Ⅰ级
35.		武汉市	武汉市长山口垃圾卫生填埋场	Ⅰ级
36.		枝江市	枝江市石宝山垃圾处理场	Ⅰ级
37.	湖南	醴陵市	醴陵市生活垃圾无害化处理场	Ⅰ级
38.		津市市	津市市生活垃圾无害化处理场	Ⅰ级
39.		沅江市	沅江市生活垃圾无害化处理场	Ⅰ级
40.		邵阳市	邵阳市生活垃圾无害化处理场	Ⅰ级
41.		洪江市	洪江市生活垃圾无害化处理场	Ⅰ级
42.	吉林	长春市	长春市城市生活垃圾处理中心	Ⅰ级
43.	江苏	南京市	南京市六合区生活废弃物处置中心	Ⅰ级
44.		无锡市	无锡市桃花山生活垃圾卫生填埋场扩建工程	Ⅰ级
45.		徐州市	徐州市雁群生活垃圾处理场	Ⅰ级
46.		新沂市	新沂市北马陵生活垃圾卫生填埋场	Ⅰ级
47.		常州市	常州市生活废弃物处理中心	Ⅰ级
48.		苏州市	苏州市七子山垃圾卫生填埋场扩建工程	Ⅰ级
49.		常熟市	常熟市南湖生活垃圾填埋场三期扩建工程	Ⅰ级
50.		苏州市	吴江城市生活垃圾填埋场（3号库区）	Ⅰ级

序号	省、自治区、直辖市	城市	填埋场名称	等级
51.		张家港	张家港市生活垃圾处理场	Ⅰ级
52.		高邮市	高邮市朱家生活垃圾卫生填埋场	Ⅰ级
53.	辽宁	盘锦市	盘锦市生活垃圾卫生填埋场	Ⅰ级
54.		本溪市	本溪市千金岭垃圾填埋场	Ⅰ级
55.		朝阳市	朝阳市生活垃圾填埋场	Ⅰ级
56.	内蒙古	包头市	包头市生活垃圾处理中心	Ⅰ级
57.	山东	平度市	平度市田庄固体废弃物处理场	Ⅰ级
58.		滕州市	滕州市生活垃圾填埋场	Ⅰ级
59.		枣庄市	枣庄市台儿庄区垃圾处理场	Ⅰ级
60.		龙口市	龙口市凤凰山废弃物处理场	Ⅰ级
61.		泰安市	泰安市垃圾处理场	Ⅰ级
62.		荣成市	荣成市孔家生活垃圾处理场	Ⅰ级
63.		日照市	日照市黄山无害化垃圾处理场	Ⅰ级
64.		临清市	临清市生活垃圾处理厂	Ⅰ级
65.		菏泽市	菏泽市生活垃圾处理场	Ⅰ级
66.	山西	太原市	太原侯村生活垃圾卫生填埋场	Ⅰ级
67.		阳泉市	阳泉市生活垃圾卫生填埋场	Ⅰ级
68.		孝义市	孝义市永洁生活垃圾卫生填埋场	Ⅰ级
69.		晋城市	晋城市生活垃圾卫生填埋场	Ⅰ级
70.		朔州市	朔州市生活垃圾卫生填埋场	Ⅰ级
71.		运城市	运城市生活垃圾卫生填埋场	Ⅰ级
72.	陕西	咸阳市	咸阳市生活垃圾填埋场	Ⅰ级
73.		渭南市	渭南市马家沟生活垃圾填埋场	Ⅰ级
74.	上海	上海市	黎明填埋场	Ⅰ级
75.	四川	成都市	成都市固体废弃物卫生处置场	Ⅰ级
76.	天津	天津市	宝坻区生活垃圾填埋场	Ⅰ级
77.	浙江	兰溪市	兰溪市生活垃圾卫生填埋场	Ⅰ级

序号	省、自治区、直辖市	城市	填埋场名称	等级
78.		乐清市	乐清市第二生活垃圾填埋场	I级

2012年城市生活垃圾无害化II级填埋场名单

序号	省、自治区、直辖市	城市	填埋场名称	等级
1.	重庆	重庆市	合川区城市垃圾	II级
2.			永川区垃圾卫生填埋场	II级
3.			大足区城市生活垃圾处理场	II级
4.			綦江区城市生活垃圾处理场	II级
5.			黔江区城市生活垃圾处理场	II级
6.	甘肃	武威市	武威市凉州区生活垃圾填埋场	II级
7.		酒泉市	酒泉市肃州区生活垃圾填埋场	II级
8.		白银市	白银市白银区生活垃圾填埋场	II级
9.		金昌市	金昌市金川区生活垃圾填埋场	II级
10.		合作市	合作市生活垃圾填埋场	II级
11.		临夏市	临夏市生活垃圾填埋场	II级
12.	广东	江门市	江门市旗杆石生活垃圾卫生填埋场	II级
13.		从化市	从化市城市废弃物综合处理场	II级
14.		增城市	增城市棠厦垃圾填埋场	II级
15.		中山市	中山市坦洲镇生活垃圾卫生填埋场	II级
16.	广西	东兴市	东兴市汇丰生活垃圾填埋场	II级
17.		北流市	北流市生活垃圾填埋场	II级
18.		岑溪市	岑溪市生活垃圾填埋场	II级
19.	贵州	安顺市	西秀区蔡官垃圾填埋场	II级
20.	海南	万宁市	万宁市生活垃圾卫生填埋场	II级
21.		五指山	五指山市生活垃圾卫生填埋场	II级

序号	省、自治区、直辖市	城市	填埋场名称	等级
22.		东方市	东方市生活垃圾卫生填埋场	II级
23.	河北	南宫市	南宫市生活垃圾处理厂	II级
24.		深州市	深州市生活垃圾填埋场	II级
25.		三河市	三河市生活垃圾卫生填埋场	II级
26.		遵化市	遵化市生活垃圾卫生填埋场	II级
27.		承德市	承德市营子区垃圾填埋场	II级
28.		张家口	张家口市下花园区生活垃圾填埋场	II级
29.		涿州市	涿州市生活垃圾	II级
30.		定州市	定州市固废卫生填埋场	II级
31.		晋州市	晋州市生活垃圾无害化填埋场	II级
32.	河南	平顶山市	平顶山市生活垃圾填埋场	II级
33.		项城市	项城市城市生活垃圾处理场	II级
34.		驻马店市	驻马店市城市生活垃圾处理中心	II级
35.		濮阳市	濮阳市生活垃圾无害化处理场	II级
36.		义马市	义马市生活垃圾填埋场	II级
37.		偃师市	偃师市城市生活垃圾无害化处理场	II级
38.	湖北	当阳市	当阳市沙老堡生活垃圾处理场	II级
39.		鄂州市	鄂州市主城区生活垃圾卫生填埋场	II级
40.		广水市	广水市应山城区双桥生活垃圾卫生填埋场处理工程	II级
41.		枣阳市	枣阳市西洼垃圾处理场	II级
42.		宜城市	宜城市南洲生活垃圾处理场	II级
43.		松滋市	松滋市城市垃圾处理项目	II级
44.		十堰市	十堰市城区西部垃圾处理场	II级
45.			十堰市武当山旅游经济特区太山庙生活垃圾填埋场	II级
46.		孝感市	孝感市垃圾无害化处理场（四期工程）	II级

序号	省、自治区、直辖市	城市	填埋场名称	等级
47.		麻城市	麻城市城市生活垃圾处理场	II级
48.		赤壁市	赤壁市生活垃圾处理场	II级
49.		潜江市	潜江市垃圾处理场	II级
50.	湖南	湘乡市	湘乡市生活垃圾无害化处理场	II级
51.		耒阳市	耒阳市生活垃圾无害化处理场	II级
52.	吉林	松原市	松原市江北生活垃圾处理场	II级
53.	江苏	江都市	江都区生活垃圾处理场	II级
54.	辽宁	调兵山	调兵山市生活垃圾填埋场	II级
55.		丹东市	丹东市生活垃圾卫生填埋场	II级
56.	内蒙古	呼和浩特	呼和浩特市垃圾无害化处理厂	II级
57.	宁夏	青铜峡	青铜峡市生活垃圾填埋场	II级
58.		石嘴山	大武口区生活垃圾填埋场	II级
59.	山东	青岛市	青岛市黄岛区团结路生活垃圾填埋场	II级
60.		高密市	高密市生活垃圾无害化处理场	II级
61.		日照市	日照岚山区无害化垃圾处理场	II级
62.	山西	侯马市	侯马市卫洁生活垃圾填埋场	II级
63.		原平市	原平市生活垃圾卫生填埋场	II级
64.	陕西	铜川市	铜川市新耀生活垃圾填埋场	II级
65.		宝鸡市	宝鸡市红李沟生活垃圾填埋场	II级
66.		韩城市	韩城市生活垃圾填埋场	II级
67.	四川	广元市	广元市城市生活垃圾处理厂	II级
68.		自贡市	自贡市莲花垃圾处理厂	II级
69.		资阳市	资阳市城市生活垃圾处理厂	II级
70.		泸州市	泸州市森泰垃圾处理场	II级
71.		广安市	广安市城市生活垃圾处理中心	II级
72.		巴中市	巴中市垃圾无害化综合处理场	II级
73.		宜宾市	宜宾市城市生活垃圾综合处理厂	II级

序号	省、自治区、直辖市	城市	填埋场名称	等级
74.		内江市	内江市城市生活垃圾卫生填埋场	II级
75.		南充市	南充市城市生活垃圾处理场	II级
76.		万源市	万源市生活垃圾处理厂	II级
77.	新疆	阜康市	阜康市生活垃圾无害化填埋场	II级
78.		伊宁市	伊宁市城市生活垃圾综合处理厂	II级
79.		博乐市	博乐市生活垃圾处理场	II级
80.		塔城市	塔城市生活垃圾无害化处理场	II级
81.		乌苏市	乌苏市城市生活垃圾处理厂	II级
82.		喀什市	喀什市保洁垃圾处理场	II级
83.		吐鲁番	吐鲁番市城市生活垃圾填埋厂	II级
84.		五家渠	五家渠市城市生活垃圾填埋场	II级
85.		乌鲁木齐	米东区城市生活垃圾填埋厂	II级
86.		克拉玛依	乌尔禾区生活垃圾处理场	II级
87.	云南	蒙自市	蒙自市生活垃圾填埋场	II级
88.		芒市	芒市生活垃圾填埋场	II级
89.		大理市	大理市大风坝生活垃圾填埋场	II级
90.		文山市	文山市生活垃圾填埋场	II级
91.		个旧市	个旧市生活垃圾填埋场	II级
92.		瑞丽市	瑞丽市生活垃圾填埋场	II级
93.		景洪市	景洪市生活垃圾填埋场	II级
94.	浙江	诸暨市	诸暨市白毛尖垃圾卫生填埋场	II级
95.		乐清市	乐清市第一生活垃圾填埋场	II级

부 6.2 2012년 중국 도시생활폐기물 소각처리시설 명단

2012年城市生活垃圾无害化焚烧厂名单（炉排炉部分）

序号	省、自治区、直辖市	城市	焚烧厂名称	处理能力（吨/日）	等级
1	北京	北京	高安屯垃圾焚烧处理厂	1600	AAA
2	广东	深圳	宝安垃圾发电厂	1200	AAA
3	江苏	苏州市	光大环保能源（苏州）有限公司	2050	AAA
4	广东	佛山	南海生活垃圾焚烧发电厂	1500	AAA
5	广东	广州	李坑生活垃圾焚烧发电厂	1038	AAA
6	江苏	扬州市	扬州市生活垃圾焚烧发电厂	1000	AA
7	江苏	苏州市	太仓协鑫垃圾焚烧发电有限公司	750	AA
8	江苏	苏州市	昆山鹿城垃圾发电有限公司	1700	AA
9	江苏	苏州市	张家港金州再生能源有限公司	600	AA
10	江苏	南通市	如东天楹环保能源有限公司	500	AA
11	江苏	南通市	启东天楹环保能源分公司	750	AA
12	江苏	常州市	光大环保能源（常州）有限公司	800	AA
13	江苏	无锡市	光大环保能源（宜兴）有限公司	500	AA
14	广东	中山	中山市北部组团垃圾综合处理基地生活垃圾焚烧发电厂	970	AA
15	广东	中山	中山市中心组团垃圾综合处理基地生活垃圾焚烧发电厂	900	AA
16	广东	东莞	横沥环保热电厂二期	1800	AA
17	广东	深圳	盐田垃圾发电厂	450	AA
18	广东	深圳	南山垃圾发电厂	800	AA
19	天津	天津	天津泰达双港垃圾焚烧厂	1200	AA
20	上海	上海	江桥垃圾焚烧厂	1500	AA
21	上海	上海	御桥垃圾焚烧厂	1000	AA
22	海南	海口	海口生活垃圾焚烧厂	1200	AA
23	重庆	重庆	同兴垃圾焚烧厂	1200	AA
24	四川	成都	洛带城市生活垃圾焚烧厂	1200	AA
25	湖北	黄石	黄石创冠环保有限公司	800	AA
26	河北	秦皇岛	河北建投灵海发电有限责任公司	500	AA
27	福建	厦门	厦门市能源投资发展有限公司	400	AA
28	福建	福州	福州红庙岭垃圾焚烧发电厂	1200	AA

序号	省、自治区、直辖市	城市	焚烧厂名称	处理能力（吨/日）	等级
29	福建	惠安县	惠安县垃圾焚烧发电厂	700	AA
30	福建	南安	南安市圣元环保电力有限公司	600	AA
31	浙江	温州	温州市鹿城区垃圾焚烧厂（伟明环保能源有限公司）	1200	AA
32	浙江	温州	温州苍南宜嘉垃圾发电有限公司	400	AA
33	浙江	海宁	海宁绿色动力再生能源有限公司	600	AA
34	浙江	临海	临海市伟明环保能源有限公司	700	AA
35	江苏	无锡市	光大环保能源（江阴）有限公司	1200	A
36	江苏	徐州市	保利协鑫（徐州）再生能源发电有限公司	1200	A
37	江苏	常州市	常州绿色动力环保热电有限公司	1050	A
38	江苏	苏州市	常熟浦发热电能源有限公司	600	A
39	广东	珠海	珠海市垃圾发电厂	600	A
40	广东	深圳	平湖垃圾发电厂一期	675	A
41	广东	深圳	平湖垃圾发电厂二期（大贸环保）	1000	A
42	福建	晋江	垃圾焚烧发电综合处理厂	1800	A
43	福建	安溪县	安溪县生活垃圾焚烧发电厂	300	A
44	浙江	温州	温州市鹿城区垃圾焚烧厂（伟明环保股份有限公司）	600	A
45	浙江	温州	温州永强垃圾发电有限公司	600	A
46	浙江	温州	温州瓯海（东庄）伟明垃圾发电有限公司	385	A
47	浙江	湖州	湖州南太湖环保能源有限公司	800	A
48	浙江	温岭	温岭瀚洋资源电力有限公司	700	A
49	浙江	宁波	宁波枫林绿色能源开发有限公司	1050	A
50	浙江	杭州	杭州绿能环保发电有限公司	450	A
51	北京	北京	顺义生活垃圾综合处理厂	200	B
52	海南	琼海	琼海生活垃圾焚烧厂	225	B
53	广东	东莞	厚街环保热电厂一期	600	B
54	广东	东莞	厚街环保热电厂二期	900	B

※ 자료출처 : 关于公布2012年城市生活垃圾处理设施无害化等级评定名单的公告，中环卫函[2013]10号，中国城市环境卫生协会 (2013)

부록 7 중국의 환경법령 개요[20)]

부 7.1 환경법규 발전사

- 중국의 환경 행정은 1973년 8월에 개최된 [제1회 전국 환경 보호 회의]와 함께 헌법에 환경 보호에 관한 규정이 명시되면서부터 시작. 동 헌법에 명시된 환경 관련 규정은 40여 년이 지난 오늘날까지 중국 환경 정책의 기조가 되고 있음
- 중국 환경 정책은 상기 헌법에 기초하여 중앙 정부에서 제정한 법률에 근거하여 추진되고 있으며, 중국의 환경 관련 법률 체계를 파악하는 것은 환경 정책 판단의 중요한 선결 과제임
- 중국은 1978년 헌법 개정을 통하여 최초로 환경보호를 국가 기본법에 삽입함으로써 환경보호를 국가의 기본국책으로 삼는 동시에 자연보호와 오염방지를 환경보호와 환경법의 양대 영역으로 확정됨에 따라 중국 환경법체계의 기본 골격이 잡히고 주요 내용의 기반이 확립됨
- 1979년 9월, 제5회 전국인민대표대회 제11차 회의에서 [환경보호법(試行)]이 통과됨으로써 중국의 환경법은 체계화되기 시작하였으며, 독립된 환경 법률이 성립됨. 그 후 중국의 환경법은 초보단계를 넘어 [환경보호법](1979년, 1989년 개정)을 기본적인 환경보호 법률체계로 정비, 오염방지분야에 5개의 독립 법률과, 자연자원보호부문에 12개의 법률, 자연재해 방지와 감소 부문에 2개의 법률, 그리고 많은 기타 법률이 제정 시행되고 있음
- 그 밖에 국무원이 공포하여 시행중인 30여 개 환경보호의 전문 행정법규, 국가환경보호총국(SEPA) 및 기타 환경보호 관련기관이 제정한 70여건의 환경보호의 전문 행정규정, 그리고 지방에는 이미 제정된 900여 개의 성(省)급 환경보호 지방법규와 규칙이 제정 시행되고 있음
- 환경보호 법률・법규의 실시에 있어서 기술적인 보장을 위해 이미 400건이 넘는 전국적인 환경보호 기준을 제정 및 시행 중

20) 본 자료는 한국환경공단 북경사무소에서 제공받은 자료임을 밝힙니다.

부 7.2 환경보호 법률체계

7.2.1 헌법

- 헌법 중 환경보호에 관한 규정은 환경보호를 국가의 기본국책으로 삼는 기본원칙이며, 국가 환경보호법의 입법근거로서 그 내용은 다음과 같음
  - 제9조 : "국가는 자연자원의 합리적인 이용을 보장하고 희귀한 동·식물을 보호한다. 어떠한 조직이나 개인도 어떠한 수단으로든지 자연자원을 침해하고 파괴하는 것을 금한다."
  - 제26조 : "국가는 생활환경과 생태환경을 보호하고 개선하며, 오염과 기타 공해를 방지하고 개선한다. 국가는 식수조림과 삼림보호업무를 추진하고 격려한다."

7.2.2 환경보호기본법

- ＜中華人民共和國環境保護法＞은 중국환경보호에 관한 종합성 법규로서 주요내용은 국가의 환경정책, 환경보호방침, 기본원칙과 중요조치, 관리제도 등을 규정하고 있으며, 이 법은 기타 환경보호 단행법규의 입법근거임
  1979년 9월 13일, 제5기 전국인민대표대회 상무위원회 제11차 회의에서 ≪환경보호법(試行)≫이 통과되고, 1989년 12월 26일 제7기 전국인민대표대회 상무위원회 제11차 회의에서 ≪환경보호법≫이 통과되고 동시에 ≪환경보호법(試行)≫은 폐지됨

7.2.3 환경보호 단행법률

- 이것은 특정의 보호대상을 규정함. 예를 들어, 어떤 하나의 환경요소 혹은 환경사회관계를 전문적으로 조정하는 입법임. 그것은 헌법과 환경보호기본법을 구체화한 법률임
- 환경오염의 방지와 개선을 위하여 제정된 5개법
  - ＜中華人民共和國海洋環境保護法＞, ＜中華人民共和國水污染防治法＞, ＜中華人民共和國大氣污染防治法＞, ＜中華人民共和國固體廢棄物污染環境防治法＞, ＜環境騷音污染防治法＞
- 생태환경과 자연자원의 보호를 위하여 제정된 대표적인 7개법
  - ＜中華人民共和國土地管理法＞, ＜中華人民共和國森林法＞, ＜中華人民共和國草原法＞, ＜中華人民共和國水法＞, ＜中華人民共和國鑛山資源法＞, ＜中華人民共和國漁業法＞, ＜中華人民共和國 野生動物法＞

- 기타 유관법률 중 환경보호와 관련된 법률
  - ＜文物保護法＞, ＜農業法＞

※ 민법, 형법, 경제법, 행정법 등에 환경보호에 관한 규정이 다소 포함 (예 : 중화인민공화국 민법통칙 제124조 "국가 환경보호를 위한 오염방지규정에 위반하여 환경을 오염시켜 타인에게 손해를 준 경우에는 응당 법에 의거 민사책임을 진다")

7.2.4 환경보호 행정법규

- 국가 최고행정기관인 국무원이 제정・공포하거나 국무원의 비준을 얻어 유관 주관부문이 공포한 환경보호와 관련한 규범성 문건을 말함
  - ＜中國人民解放軍環境保護條例＞, ＜鄕鎭・街道企業의 환경관리강화에 관한 국무원규정＞, ＜대외개방지구환경관리잠정규정＞, ＜중화인민공화국해양폐기물투기관리조례＞, ＜기술개조와 工業汚染防治의 결합에 관한 몇 개 항의 국무원 규정＞, ＜수산자원번식보호조례＞ 등

7.2.5 지방성 환경법규

- 각 省・自治區・直轄市 人民代表大會 혹은 그 常務委員會는 환경보호법규와 지방의 실제상황을 근거로 하여 종합성 혹은 단행의 환경보호법규를 제정함.
  - ＜길림성 환경보호조례＞, ＜내몽고자치구 초원관리법＞ 등

7.2.6 환경보호 기준

- 중국의 환경보호기준은 환경질량기준, 오염물질 배출기준, 환경기초기준, 환경표본기준, 환경보호방법기준의 5부분으로 구성되어 있다. 이미 제정된 환경기준에는 ＜環境空氣質量標准＞, ＜大氣汚染物綜合排放標准＞, ＜地面水環境質量標准＞, ＜都市區域環境騷音基準＞ 등이 있음

7.2.7 국제환경보호조약

- 국제환경보호조약은 2개 혹은 2개 이상의 국가가 환경보호방면의 상호 권리와 의무에 관한 협의로서 공약과 협정을 포함함. 중국이 현재 가입하거나 참가한

환경보호를 위한 국제조약 중 대표적인 것은 다음과 같음

- <생물다양성협약(生物多樣性公約)>, <기후변화협약(氣候變化公約)>, <해양법협약(海洋法公約)>, <사막화방지협약(防治荒漠化公約)>, <오존층보호를 위한 비엔나협약(保護臭-層維也納公約)>, <국제유류오염손해 민사책임조약>, <국제선박오염 방지협약>, <폐기물투기 및 투기물질로 인한 해양오염 방지조약>, <자연유적과 인간유적보호조약>, <유해폐기물의 국가간 이동 및 그 처리의 통제에 관한 바젤협약(控制危險廢物越境轉移及其處置巴塞爾公約)>

부 7.3 환경(자원) 관련법률 분류

7.3.1 기초적 분류

- 자연자원법 : 각종 자연자원의 계획적이고 합리적인 개발, 이용, 처리와 보호 등과 관련한 분야의 법률법규
  - 삼림법, 초원법, 어업법, 광산자원법, 수법, 수토보호법, 토지관리법, 문물보호법, 야생동물보호법, 에너지절약관리조례 등
- 환경보호법 : 환경보호, 오염방지 및 기타 공해방지와 관련된 법률법규
  - 환경보호법, 해양환경보호법, 수 오염방지법, 환경소음오염방지법, 고형폐기물오염방지법, 대기오염방지법, 방사성오염방지법, 환경영향평가법, 청정생산촉진법 등

7.3.2 세부현황

구 분	현 황	비 고
법률(法律)	• 中华人民共和国环境保护法(중화인민공화국환경보호법) • 中华人民共和国环境影响评价法(중화인민공화국환경영향평가법) • 中华人民共和国清结生产促进法(중화인민공화국청정생산촉진법) • 中华人民共和国大气污染防治法(중화인민공화국대기오염방지법) • 中华人民共和国水污染防治法(중화인민공화국수오염방지법) • 中华人民共和国海洋环境保护法(중화인민공화국해양환경보호법) • 中华人民共和国环境噪声污染防治法(중화인민공화국환경소음오염방지법) • 中华人民共和国固体废物污染环境防治法(중화인민공화국고형폐기물오염환경방지법)	환경보호법률 (9개)

	• 中华人民共和国放射性污染防治法(중화인민공화국방사성오염방지법)	
법률(法律)	• 中华人民共和国草原法(중화인민공화국초원법) • 中华人民共和国水法(중화인민공화국수법) • 中华人民共和国海域使用管理法(중화인민공화국해역사용관리법) • 中华人民共和国节约能源法(중화인민공화국에너지절약법) • 中华人民共和国水土保持法(중화인민공화국수토유지법) • 中华人民共和国野生动物保护法(중화인민공화국야생동물보호법) • 中华人民共和国土地管理法(중화인민공화국토지관리법) • 中华人民共和国矿产资源法(중화인민공화국광산자원법) • 中华人民共和国煤炭法(중화인민공화국석탄법) • 中华人民共和国防沙治沙法(중화인민공화국방사치사법) • 中华人民共和国森林法(중화인민공화국삼림법) • 中华人民共和国文物保护法(중화인민공화국문물보호법)	자연자원 보호법률 (12개)
법규(法規) * 행정법규 (行政法規)	• 医疗废物管理条例(의료폐기물관리조례) • 废物进口环境保护管理暂行规定(폐기물수입환경보호관리임시규정) • 核电厂核事故应急管理条例(핵발전소핵사고응급관리조례) • 中华人民共和国海洋倾废管理条例(중화인민공화국폐기물해양투기관리조례) • 中华人民共和国防止船舶污染海域管理条例(중화인민공화국선박해역오염관리조례)	좌측에 포함 (21개)
법규(法規) * 국무원발표 규범성문건(国务院发布的规范性文件)	• 危险废物经营许可证管理办法(위험폐기물경영허가증관리방법) • 突发公共卫生事件应急条例(돌발공공위생사건응급조례) • 国务院关于国家环境保护"十五"计划的批复(국무원10.5국가환경보호계획관련회신공문) • 国务院关于调整进口设备税收政策的通知(국무원수입설비세수정책에관한통지) • 国务院关于环境保护若干问题的决定(국무원환경보호관련문제에관한결정)	좌측에 포함 (80개)
규칙(規章) * 부문규정 (部门规章)	• 污染源自动监控管理办法(오염원자동검측통제관리방법) • 环境保护法规制定程序办法(환경보호법규제정절차방법) • 医疗废物管理行政处罚办法(의료폐기물관리행정처벌방법) • 新化学物质环境管理办法(신화학물질환경관리방법) • 有机食品认证管理办法(유기성식품인증관리방법)	좌측에 포함 (69개)
규칙(規章) * 부문발표규범성문건(部门发布的规范性文件)	• 关于印发 ≪"十一五"全国环境保护法规建设规划≫的通知(11.5전국환경보호법규건설계획관련인쇄배포통지) • 关于加强和改革环境保护标准工作的意见(환경보호표준업무강화및개선에관한의견) • 关于发布 ≪废电池污染防治技术政策≫的通知(폐전지오염방지기술정책발표에관한통지) • 关于发布 ≪摩托车排放污染防治技术政策≫的通知(오토바이배출가스 오염방지기술정책발표에관한통지) • 关于印发 ≪污染源监测管理办法≫的通知(오염원검측관리방법관련인쇄배포통지)	좌측에 포함 (147개)

- 적용 기준일자 : 2007년 8월 기준
- 위의 기초법률 이외에 행정처벌(行政处罚), 행정재심의(行政复议), 법규해석(法规释义), 환경행정허가(环境行政许可) 등이 있음

부 7.4 중국의 환경기준

- 중국의 환경 기준은 환경질 기준, 오염물배출기준, 기초방법기준으로 구성되어 있음. 환경기준은 환경관리의 목표를 구체화하는 것이며 그 제도근거가 환경보호법에 있는 것, 제정권이 국무원 환경보호 주관부문과 지방정부에 있는 것 등 환경법 체계의 특수한 구성요소로 이루어져 있음.
- 환경기준은 인체건강의 보호, 생태계의 유지・촉진을 목표로 제정되는 유해물질에 관한 규제치로서 통상 환경에 포함되는 유해물질의 일정 시간 내지 공간에서의 허용농도로 표시됨.
  - 오염물 배출기준은 환경질 기준을 실현하기 위해 각종 오염원에 의한 오염물질의 배출량과 배출농도의 상한을 규정하는 것이며 오염원 관리의 근거가 됨.
- 환경보호법 제9조와 10조에는 환경질 기준과 오염물배출기준에 대해 국가 차원의 제정권은 국무원 환경보호 주관부문, 지방 차원의 제정권은 지방정부에 있다고 규정하고 있음. 따라서 환경의 질과 오염물의 배출에 대해서는 국가기준과 지방기준이 동시에 존재하고 있음.
- 기초방법기준은 환경의 질 기준과 오염물 배출기준을 구축할 때 사용하는 용어, 부호, 표기방법, 표본의 채집·분석 방법, 기준의 제정수속 등에 대해 규정하는 것이기 때문에 그 제정권은 국가에 있음. 따라서 환경의 질 기준과 오염물 배출기준과는 서로 같지 않으며 기초방법기준에 대해서는 국가기준만이 존재함.
  - 중국의 환경기준체계는 3종류(환경질 기준, 오염물 배출기준, 기초방법기준)와 2계급(국가기준, 지방기준)의 구조를 갖고 있음.
- 국가기준과 지방기준과의 관계는 지방은 국가질 기준이 없는 환경요소에 대해 지방질 기준을 제정하고, 국가배출기준에 포함되어 있지 않은 오염물에 대해서 지방 배출기준을 제정할 수가 있음.
  - 오염물 배출기준에 대해서는 국가기준이 있어도 그것보다 엄격한 지방기준을 제정할 수가 있음. 따라서 동일의 환경요소에 2개의 환경질기준이 동시에 존재하는 것은 있을 수 없으나, 동일의 오염물에 2개의 배출기준이 존재할 수는 있음. 그 경우 국가기준이 아닌 지방기준이 적용된다(환경보호법 제9~10조).

7.4.1 국가환경기준

- 중국환경보호법 제9조는 다음과 같은 내용을 담고 있음. 국무원 환경보호행정주관부문은 국가 환경기준을 제정함. 성・자치구・직할시 인민정부는 국가환경기준 중 규정되어 있지 않은 항목에 대하여 지방 환경기준을 제정할 수 있음. 이 경우 국무원 환경보호 행정주관부문에 보고하고 등록하여야 함
  - 국가 환경기준에는 대기환경기준과 수질환경기준이 있음

<대기환경질량표준>

대기오염방지법 제6조는 '국무원환경보호행정주관부문은 국가대기환경기준을 제정한다. 성・자치구・직할시 인민정부는 국가대기환경기준 중 규정되어 있지 않은 항목에 대하여 지방기준을 제정할 수 있다. 이 경우 국무원환경보호행정주관부문에 보고하여 등록하여야 한다.'고 규정하고 있음

<수질환경질량표준>

수질오염방지법 제6조는 '국무원환경보호부문은 국가수질환경기준을 제정한다. 성・자치구・직할시 인민정부는 국가 수질환경기준 중 규정되지 않은 항목에 대하여 지방기준을 제정하고 국무원환경보호부문에 보고하여 등록할 수 있다.' 고 규정함

7.4.2 국가 오염물 배출기준

- 중국환경보호법 제10조는 "국무원 환경보호 행정주관 부문은 국가 환경기준과 국가경제 및 기술조건에 근거하여 국가오염물 배출기준을 제정함. 성・자치구・직할시 인민정부는 국가의 오염물배출기준 중 규정되어 있지 않은 항목에 대하여 지방 오염물질 배출 기준을 제정할 수 있으며, 국가 오염물배출기준 중 이미 제정된 항목에 대하여 국가 오염물배출 기준보다 더 엄격한 지방오염물배출기준을 제정할 수 있음. 지방 오염물 배출기준은 반드시 국무원 환경보호행정주관부문에 보고하여 등록하여야 함. 향후 지방 오염물 배출기준이 적용되는 구역에서 오염물질을 배출하는 경우에는 지방 오염물 배출 기준을 지켜야 한다."고 규정하고 있음
  - 국가 오염물 배출기준에는 수질오염물 배출기준과 대기오염물 배출기준이 있음

부록 8 중국의 폐기물 관련 제도 및 정책

부 8.1 위험폐기물 경영허가증 관리방법[21]

(危险废物经营许可证管理办法)

반포기관 : 국무원 반포시기 : 2004-05-30 실시시간 : 2004-07-01
문건번호 : 국무원령 제408호 시 효 성 : 유효

2004년 5월 19일 국무원 제 50차 상무회의에서 기 통과되었고 현재 공포한다. 2004년 7월 1일부터 실시한다.

총리 원자바오
2004년 5월 30일

제1장 총칙

제1조 위험폐기물에 대한 수집, 저장과 처리 경영활동의 감독관리를 강화하고 위험폐기물 환경오염을 방지하기 위하여 ≪중화인민공화국 고형폐기물환경오염방지법≫에 근거하여 이 방법을 제정한다.

제2조 중화인민공화국 국내에서 위험폐기물 수집, 저장, 처리 경영활동에 종사하는 단위는 이 방법의 규정에 따라 위험폐기물 영업허가증을 수령하여야 한다.

제3조 위험폐기물 경영허가증은 경영방식에 따라 위험폐기물 수집, 저장, 처리 종합경영허가증과 위험폐기물수집 경영허가증으로 나눈다. 위험폐기물 종합경영허가증을 수령한 단위는 각 종류 위험폐기물의 수집, 저장, 처리 경영활동에 종사할 수 있다. 위험폐기물수집 경영허가증을 수령한 단위는 자동차 수리활동 중 발생한 폐 광물유와 주민 일상생활 중 발생한 폐 카드뮴니켈전지의 위험폐기물 수집 경영활동에는 종사할 수 없다.

21) 본 자료는 한국환경공단 북경사무소에서 제공받은 자료임을 밝힙니다.

제4조 현 급 이상 인민정부 환경보호 주관부서에서는 이 방법의 규정에 따라 위험폐기물 경영허가증의 심사허가 발급과 감독관리 사업을 책임진다.

제2장 위험폐기물 경영허가증을 신청 수령하는 조건

제5조 위험폐기물 수집, 저장, 처리 종합경영허가증을 신청 수령하려면 아래 여건을 구비해야 한다.

(1) 3명 이상 환경공정전업 혹은 관련 전업 중급 이상 직명이 있어야 하고 3년 이상 고형폐기물 오염처리 경력이 있는 기술인원이 있어야 한다.

(2) 국무원 교통 주관부서 위험폐기물운송 안전요구에 부합되는 운송도구가 있어야 한다.

(3) 국가나 지방 환경보호 표준과 안전표준에 부합되는 포장도구, 전이와 임시저장시설, 설비 및 검사를 거쳐 합격한 저장 시설, 설비가 있어야 한다.

(4) 국가나 성, 자치구, 직할시 위험폐기물 처리시설 건설계획에 부합되고 국가나 지방 환경보호표준과 안전요구에 부합되는 처리시설, 설비와 부대 오염방지시설이 있어야 한다. 그 중 의료폐기물 집중처리시설은 국가 해당 의료폐기물 처리의 위생표준과 요구에 부합되어야 한다.

(5) 경영하는 위험폐기물은 품목별 상응한 처리기술과 공법이 있어야 한다.

(6) 위험폐기물 경영안전을 확보하는 규장 제도, 오염방지조치와 사고응급구원 조치가 있어야 한다.

(7) 매립방식으로 위험폐기물을 처리하는 것은 법에 따라 매립장소의 토지사용권을 취득하여야 한다.

제6조 위험폐기물수집 경영허가증을 신청하고 수령하려면 아래 조건을 구비해야 한다.

(1) 방수, 삼투방지의 운송도구가 있어야 한다.

(2) 국가나 지방 환경보호 표준과 안전요구에 부합되는 포장도구, 운송과 임시 저장시설, 설비가 있어야 한다.

(3) 위험폐기물 경영안전을 확보하는 규장 제도, 오염방지 조치와 사고응급 구원조치가 있어야 한다.

제3장 위험폐기물 경영허가증을 신청 수령하는 절차

제7조 국가에서 위험폐기물 경영허가증에 대하여 등급을 나누어 심사허가하고 발급한다.

아래 단위의 위험폐기물 경영허가증은 국무원 환경보호 주관부서에서 심사 허가하고 발급한다.

(1) 연 1만톤 이상의 고형폐기물을 소각

(2) 폴리염화비페닐, 수은 등 환경과 인체건강에 위협이 큰 위험폐기물을 처리

(3) 국가위험폐기물 처리시설 건설계획에 든 종합성 집중처리시설을 이용하여 위험폐기물을 처리

의료폐기물 집중처리단위의 위험폐기물 경영허가증은 의료폐기물 집중처리 시설 소재지 구

역의 시 급 인민정부 환경보호 주관부서에서 심사허가하고 발급한다. 위험폐기물 수집경영허가증은 현 급 인민정부 환경보호 주관부서에서 심사허가하고 발급한다. 본 조의 제2항, 제3항 규정 외의 위험폐기물 경영허가증은 성, 자치구, 직할시 인민정부 환경보호주관부서에서 심사허가하고 발급한다.

제8조 위험폐기물 경영허가증을 수령한 단위는 위험폐기물 경영활동에 종사하기 전 증서발급 기관에 신청하고 이 방법 제5조나 제6조 규정 조건의 증명자료를 첨부해야 한다.

제9조 증서발급 기관은 신청을 접수한 날로부터 20일 내에 신청 단위에서 제출한 증명자료에 대하여 심사하고 신청단위의 경영시설에 대하여 현장 확인을 진행한다. 조건에 부합되는 것은 위험폐기물 경영허가증을 발급하고 공고한다. 조건에 부합되지 않는 것은 서면으로 신청단위에 통지하고 이유를 설명한다. 증서발급기관은 위험폐기물 경영허가증을 발급하기 전에 실제수요에 따라 위생, 도시와 농촌계획 등 해당 주관부서와 전문가의 의견을 요청할 수 있다. 신청단위는 위험폐기물 경영허가증을 가지고 공상관리부서에서 등기수속을 한다.

제10조 위험폐기물 경영허가증은 아래 주요내용을 포함한다.

(1) 법인명칭, 법정대표인, 주소
(2) 위험폐기물 경영방식
(3) 위험폐기물 종류
(4) 연간 경영규모
(5) 유효기간
(6) 증서발급 날짜와 증서번호

위험폐기물 종합경영허가증의 내용에는 저장, 처리시설의 주소를 포함해야 한다.

제11조 위험폐기물의 경영단위에서 법인명칭, 법정 대표인과 주소를 변경시키는 것은 공상변경 날로부터 15일 내에 원 증서발급 기관에 신청하여 위험폐기물 경영허가증 변경수속을 해야 한다.

제12조 아래 상황 중 하나가 있을 시 위험폐기물 경영단위에서는 원 신청절차에 따라 위험폐기물 경영허가증을 재차 신청하고 수령해야 한다.

(1) 위험폐기물의 경영 방식을 변경할 경우
(2) 위험폐기물 종류를 증가할 경우
(3) 위험폐기물 경영설비를 신축 혹은 개축, 증축할 경우
(4) 위험폐기물의 경영이 원 심사허가 연간 경영규모 20% 이상 초과할 경우

제13조 위험폐기물 종합경영허가증의 유효기간은 5년이고 위험폐기물수집 경영허가증의 유효기간은 3년이다. 위험폐기물 경영허가증의 유효기간이 만료되고 위험폐기물 경영단위에서 계속하여 위험폐기물 경영활동에 종사하려면 위험폐기물 경영허가증이 만료되기 30일 전에 원 증서발급기관에 증서 교체 신청을 제출해야 한다. 원 증서발급 기관은 증서교체 신청을

접수한 날부터 20일 내에 심사를 진행하고 조건에 부합되는 것은 증서를 교체해 주어야 한다. 조건에 부합되지 않는 것은 서면으로 신청단위에 통지하고 이유를 설명해야 한다.

제14조 위험폐기물 경영단위에서 위험폐기물 수집, 저장, 처리 경영활동의 종사를 중지하려면 경영시설, 장소에 대하여 오염 방지조치를 취하고 처리하지 않은 위험폐기물에 대하여 적절하게 처리해야 한다. 위험폐기물 경영단위는 앞 항 규정의 조치를 취한 날부터 20일 내에 원 증서발급 기관에 취소 신청을 해야 하고 원 증서발급 기관에서 현장 심사를 진행하여 합격 후 위험폐기물 경영허가증을 취소해야 한다.

제15조 경영허가증이 없거나 경영허가증의 규정에 따르지 않고 위험폐기물을 수집, 저장, 처리하는 것을 금지한다. 중화인민공화국 국외 수입 혹은 중화인민공화국 국경을 넘어 전자류 위험폐기물을 이동하는 것을 금지한다. 위험폐기물 경영허가증이 없는 단위에 제공하거나 위탁하여 수집, 저장, 처리 경영활동에 종사하는 것을 금지한다. 위험폐기물 경영허가증을 위조, 변조, 양도하는 것을 금지한다.

제4장 감독관리

제16조 현 급 이상 지방 인민정부 환경보호주관부서는 매년 3월 31일 전에 전년도 위험폐기물 경영허가증의 발급 상황을 상급 인민정부 환경보호 주관부서에 보고하여 등록해 두어야 한다.
상급 환경보호주관부서에서는 하급 환경보호주관부서의 위험폐기물 경영허가증 심사허가 발급 상황에 대한 감독검사를 강화하고 즉시에 하급 환경보호 주관부서의 위험폐기물 경영허가증을 심사허가 발급하는 과정 중 위법행위를 바로 잡아야 한다.

제17조 현 급 이상 인민정부 환경보호주관부서는 서면 검사와 현지검사 등 방식을 통하여 위험폐기물 경영단위에 대한 감독검사를 강화하고 감독검사 상황과 처리결과를 기록하며 감독검사인원이 서명 후 보관해야 한다. 대중은 현 급 이상 인민정부 환경보호주관부서의 감독검사 기록을 검열할 권리가 있다. 현 급 이상 인민정부 환경보호주관부서에서 위험폐기물 경영단위의 경영활동 중 원 증서발급 조건에 부합되지 않는 상황을 발견하였을 시 책임을 과하여 기한 내에 개선하게 해야 한다.

제18조 현 급 이상 인민정부 환경보호 주관부서는 위험폐기물 경영단위에 요구하여 정기적으로 위험폐기물 경영활동상황의 보고를 요구할 권리가 있다. 위험폐기물 경영단위는 위험폐기물 경영상황 기록부를 작성하고 사실대로 위험폐기물의 수집, 저장, 처리하는 종류, 출처, 행방과 사고여부 등 사항을 기록해야 한다. 위험폐기물 경영단위는 위험폐기물 경영상황 기록부를 10년 이상 보존하고 매립방식으로 위험폐기물을 처리한 경영상황 기록부는 영구 보존하여야 한다. 경영활동을 중단하면 위험폐기물 경영상황 기록부를 소재지 현 급 이상 지방 인민정부 환경보호주관부서에 제출하여 보존관리 하여야 한다.

제19조 현 급 이상 인민정부 환경보호 주관부서는 위험폐기물 경영허가증의 기록부관리 제도를 건립, 완비하고 정기적으로 사회에 위험폐기물 경영허가증 심사허가 발급 상황을 반포해야 한다.

제20조 위험폐기물수집 경영허가증을 수령한 단위는 처리단위와 접수계약을 체결하고 수집한 폐 광물유와 폐 카드뮴니켈전지를 90일 내에 처리단위에 제공하거나 위탁하여 처리해야 한다.

제21조 위험폐기물의 경영시설을 폐기하거나 다른 용도로 개선하기 전에 무해화 처리를 진행해야 한다. 위험폐기물을 매립하는 경영시설의 서비스 기한이 만료되면 위험폐기물 경영단위는 해당 규정에 따라 위험폐기물을 매립했던 토지에 대하여 봉쇄 조치를 취하고 확정한 봉쇄구역에 영구성 표기를 설치해야 한다.

제5장 법률책임

제22조 이 방법의 제11조 규정을 위반하면 현 급 이상 지방 인민정부 환경보호 주관부서에서 책임을 과하여 기한 내에 개정하게 하고 경고를 준다. 기한 내에 개정하지 않으면 원 증서발급기관에서 위험폐기물 경영허가증을 임시 보관한다.

제23조 이 방법 제12조, 제13조 제2항의 규정을 위반하면 현 급 이상 지방 인민정부 환경보호주관부서에서 책임을 과하여 위법행위를 중단하게 한다. 위법 소득이 있으면 위법소득을 몰수한다. 위법 소득이 10만원을 초과하면 위법소득 1배 이상 2배 이하의 벌금에 처한다. 위법소득이 없거나 위법소득이 10만원 미만이면 5만원 이상 10만원 이하의 벌금에 처한다.

제24조 이 방법 제 14조 제1항, 제21조의 규정을 위반하면 현 급 이상 지방 인민정부 환경보호주관부서에서 책임을 과하여 기한 내에 개정하게 한다. 개정하지 않으면 5만원 이상 10만원 이하의 벌금에 처한다. 오염사고를 초래하고 범죄를 구성하면 법에 따라 형사책임을 추궁한다.

제25조 이 방법 제15조 제1항, 제2항, 제3항의 규정을 위반하면 ≪중화인민공화국고형폐기물환경오염방지법≫의 규정에 따라 처벌한다. 이 방법 제15조 제4항의 규정을 위반하면 현 급 이상 지방 인민정부 환경보호 주관부서에서 위험폐기물 경영허가증을 몰수하고 5만원 이상 10만원 이하의 벌금에 처한다. 범죄를 구성하면 법에 따라 행사책임을 추궁한다.

제26조 이 방법 제18조의 규정을 위반하면 현 급 이상 지방 인민정부 환경보호 주관부서에서 책임을 과하여 기한 내에 개정하게 하고 경고를 준다. 기한 내에 개정하지 않으면 원 증서발급기관에서 위험폐기물 경영허가증을 임시 보관하거나 취소한다.

제27조 이 방법 제20조의 규정을 위반하면 현 급 이상 지방 인민정부 환경보호 주관부서에서 책임을 과하여 기한 내에 개정하게 하고 경고를 준다. 기한 내에 개정하지 않으면 만원

이상 5만원 이하의 벌금에 처하고 원 증서발급 기관에서 위험폐기물 경영허가증을 임시 보관하거나 취소할 수 있다.

제28조 위험폐기물 경영단위에 책임을 과하여 기한 내 개선하게 했음에도 불구하고 기한 내에 정돈하지 않거나 개선을 거치고도 여전히 원 증서발급 조건에 부합되지 않으면 원 증서발급기관에서 위험폐기물 경영허가증을 임시 보관하거나 취소한다.

제29조 환경보호 주관부서에서 이 방법의 규정에 따라 위험폐기물 경영허가증을 취소하거나 몰수하는 동시에 공상관리부서에 통지하여 공상관리 부서에서 법에 따라 영업허가증을 취소시켜야 한다. 위험폐기물 경영허가증을 취소했거나 몰수당한 단위는 5년 내에 위험폐기물 경영허가증을 다시 신청하고 수령해서는 안 된다.

제30조 현 급 이상 인민정부 환경보호주관부서의 사업인원이 아래 행위 중 하나가 있을 경우에는 법에 따라 행정처분을 하고, 범죄를 구성하면 법에 따라 행사책임을 추궁한다.

(1) 이 방법 규정조건에 부합되지 않는 단위에 위험폐기물 경영허가증을 발급한 경우
(2) 위험폐기물 경영허가증을 법에 따라 취득하지 않은 단위와 개인이 함부로 위험폐기물 경영활동에 종사하는 것을 발견하고도 처벌하지 않거나 신고 입수 후 법에 따라 처리하지 않은 경우
(3) 법에 따라 위험폐기물 경영허가증을 취득한 단위에서 감독관리 직무를 수행하지 않거나 이 방법 규정을 위반한 행위를 발견하고도 처리하지 않은 경우
(4) 위험폐기물 경영허가증 관리사업 중 기타 불법 행위가 있을 경우

제6장 부칙

제31조 본 방법에서 용어의 뜻은 아래와 같다.

(1) 위험폐기물이라 함은 국가위험폐기물 목록에 들거나 국가규정에 근거하여 위험폐기물 감별표준과 감별방식에 근거하여 인정한 위험성이 있는 폐기물을 말한다.
(2) 수집이라 함은 위험폐기물 경영단위에서 분산된 위험폐기물을 모으는 활동을 말한다.
(3) 저장이라 함은 위험폐기물 경영단위에서 위험폐기물 처리 전에 환경보호표준에 부합되는 장소나 시설 중에 놓고 분산된 위험폐기물을 모으기 위하여 스스로 준비한 임시 시설이나 장소에 매번 쌓아 둔 중량이 5000 kg을 초과하였거나 쌓아 둔 시간이 90일을 초과한 활동을 말한다.
(4) 처리라 함은 위험폐기물 경영단위에서 위험폐기물을 소각, 용해, 소결, 분해, 중화, 소독, 증류, 추출, 침전, 여과, 해체 및 기타 위험폐기물의 물리, 화학, 생물 특성을 변경하는 방식으로서 위험폐기물의 수량을 줄이고 위험폐기물의 체적을 줄이며 그 위험성분을 감소 혹은 제거하는 활동이나 위험폐기물을 최종 환경보호규정의 요구에 부합되는 장소나 시설에 보관하고 다시 회수하지 않는 활동을 말한다.

제32조 본 방법 실시 전에 지방 법규, 규장이나 기타 문건의 규정에 따라 위험폐기물 경영허가증을 기 취득한 단위는 원 위험폐기물 경영허가증 유효기간 만료 30일 전에 이 방법의 규정에 따라 위험폐기물 경영허가증을 재차 수령해야 한다. 기한 내에 처리하지 않으면 위험폐기물 경영활동에 계속하여 종사할 수 없다.

제33조 이 방법은 2004년 7월 1일부터 실시한다.

부 8.2 고형폐기물과 독성화학품 환경관리(개요) [22]

【요약】

2005년 국가환경보호총국에서는 고형폐기물과 독성화학품 환경관리에서 직면한 새로운 국면에 대비하여 ≪중화인민공화국고형폐기물환경오염방지법≫을 관철하고 관련 법률법규제도체계를 지속적으로 개선하고 완비하며 기초사업과 해결능력을 강화하고 주동적으로 각 부서와 협의하고 소통하여 우리나라 고형폐기물 환경관리사업을 원래의 기초 상에서 앞으로 한걸음 더 나아가게 하였다.
2005년 고형폐기물 관리사업은 위험폐기물, 수출입폐기물과 자원회수이용에서의 2차 오염 관리 및 화학품 관리와 국제조약 실행 등 사업을 중점으로 사회 각 계층 대중과 국무원 지도자가 주목하는 민감하고 중점적 문제와 일상 장기적인 고형폐기물 관리 제도, 체계의 구축 및 강화를 결합하여 전국 고형폐기물과 독성화학품 환경관리의 제도 방법과 사업수준을 가일층 규범화하고 제고하였다.

【법규정비】

2005년 국가환경보호총국에서는 여러 가지 중화인민공화국 ≪고형폐기물환경오염방지법≫과 일련의 법규정책과 표준규범의 기초와 수정사업을 개시하였다.
≪폐기위험화학품환경오염방지방법≫을 제정 및 반포를 실시하였으며 ≪전자폐기물환경관리방법≫, ≪국가환경보호총국 위험폐기물 수출신청과 심사허가 관리규정≫, ≪위험폐기물종합경영허가증실시방법≫, ≪도시고형폐기물오염방지정보반포지도원칙≫과 ≪화학품환경관리조례≫를 기초하였고 ≪국가위험폐기물목록≫, ≪고형폐기

22) 본 자료는 한국환경공단 북경사무소에서 제공받은 자료로서, 비록 원 자료의 출처를 분명히 알 수는 없고, 작성 시점도 분명하지 않으나, 내용이 중국의 폐기물 관리를 이해하는데 도움이 될 것으로 판단되어 첨부함.

물감별지도원칙≫, ≪고형폐기물수입관리방법≫, 금지・제한・자동허가 수입 고형폐기물 목록, 위험폐기물 전이 관리규정, 폐 골재 등 12가지 원료로 사용 가능한 수입 고형폐기물 환경보호공제표준 등 수정작업을 조직하여 전개하였으며 원료로 사용 가능한 수입 고형폐기물 환경보호공제표준－폐 자동차 부속품을 새로이 추가 제정하였다. 동시에 ≪폐 강철 수입심사 허가 관리사업 강화에 관한 통지≫를 반포하여 수입 폐 강철의 심사 허가와 관리사업에 대하여 규범화를 실시하였다. 그 외에 상무부, 세관총서와 함께 부분 상품 가공무역 금지 105호 공고를 반포하였으며, 동 폐 찌꺼기 등 16가지 수입폐기물의 가공무역을 금지하였다. 품질검사총국 등 관련부서와 폐유리 조각을 이용한 재활용 브라운관 사용금지 공고를 반포하였으며 신식산업부(우리나라의 이전의 정보통신부에 해당) 등과 함께 ≪전자정보제품오염방지관리방법≫을 제정하였다.

【위험폐기물환경관리】

2005년 국가환경보호총국에서는 ≪위험폐기물경영허가증관리방법≫을 전면적으로 실시하였고, 각 성급 고형폐기물관리중심의 설치를 계기로 기초적인 사업으로부터 국가급 위험폐기물 경영허가증 심사허가 사업을 가동하였으며 국가환경보호총국에 신청을 제출한 8개 위험폐기물 경영단위에 대하여 현장 검사를 진행하였는바 위험폐기물 경영단위에 대한 관리경험을 초보적으로 쌓았다. 동시에 전국 성급 위험폐기물 경영허가증 발급 상황에 대하여 검사를 진행하였다. 국가발전개혁위원회와 함께 ≪크롬 찌꺼기 종합처리방법≫을 제정 반포하였고, 삼협댐 환경개선에 협력하여 삼협 저수지 고형폐기물과 위험 폐기물 처리방안을 가일층 확인하고 완비하였다. 동시에 세관총서, 국무원, 홍콩・마카오 사무실과 함께 광동성 지역 비준 및 허가를 통하여 마카오를 도와 3,747통의 폐 유기용제류 위험폐기물을 안전하게 처리하였다.

【전자폐기물오염방지 시범실시사업】

2005년 국가환경보호총국은 국가발전개혁위원회, 신식산업부와 함께 광동성 환경보호국을 지도하여 산두시에서 폐 전기 기구 종합이용 산업화 시범단지 계획을 수립하였으며 현지 전자폐기물오염의 방지사업을 추진하였다.

【생활폐기물 환경관리】

2005년 국가환경보호총국에서는 국가발전개혁위원회, 건설부와 함께 ≪“십일오” 전국 도시폐기물 무해화 처리시설 건설계획≫ 수립 사업방안을 제정 및 반포하였고, 각지의 도시쓰레기 무해화 처리시설 건설계획을 수립함과 동시에 관련 표준과 규범의 완비를 가속화 하였다.

【국가급과 성급 고형폐기물 관리센터건설】

2005년 국가 급과 성 급 고형폐기물 관리센터 건설사업은 전면적인 진전을 가져왔다. 2005년 4월까지 전국 31개 성, 자치구, 직할시에 모두 성급 고형폐기물 관리센터를 건설하였으며 그 중 19개 성급 고형폐기물 관리센터는 기구 편제와 부서 비준을 거쳐 독자적인 사업단위로 출범하였다. 12개 소재 성 급 환경보호국(청)의 비준을 거쳐 동급 환경보호부서 내부기구로 되었으며 재적 인원수는 총 317명이다.

31개 성급 고형폐기물 관리센터의 건립은 중국 환경관리 영역이 전국에서 전문적인 고형폐기물 관리체계가 초보적으로 형성되었고 고형폐기물 관리능력이 가일층 강화되었음을 상징한다.

【위험폐기물 수출관리】

2005년 ≪바젤조약≫ 실행 요구에 따라 국가환경보호총국에서는 폐기물 월경 전이 통지서 총 19부를 수리하고 처리하였는바 해당 수출폐기물은 5,583.66톤이고, 그 중에 820톤의 전기도금 슬러지, 750톤의 수은 함유 폐기물, 3,960톤의 전지 폐기물 및 53.66톤의 기타 폐기물을 포함한다. 수입국은 독일, 프랑스, 벨기에, 한국, 오스트레일리아, 일본 등 6개 국가와 관련되며 폐기물 수출기업은 3개 대만회사, 5개 내륙 회사와 관련된다.

【전국 위험폐기물과 의료폐기물 처리시설 전면조사】

2005년 국가환경보호총국에서 환경계획원과 각 성급 환경보호부서를 동원하여 전국 범위 내에서 현존 및 신규 위험폐기물과 의료폐기물 처리시설에 대해 전면적인 조사를 전개하였다. 전면 조사 사업은 중국 현존 및 재활용 위험폐기물과 의료폐기물 처리시설의 기본상황과 존재하는 문제를 초보적으로 파악하였으며 이는 위험폐기물과 의료폐기물 환경관리를 가일층 강화하는데 매우 중요한 의의를 갖고 있다.

【의료폐기물 환경관리】

2005년 국가환경보호총국과 위생부는 긴밀히 협력하여 2004년 전문항목 검사의 기초 상에서 의료폐기물에 대한 전문 항목 검사사업을 재차 전개하였으며 위생부와 의료폐기물 관리에서 존재하는 문제 및 일회용 의료폐기물 회수이용 금지 등 문제에 대하여 적극적인 조정과 소통을 진행하여 ≪의료폐기물 분류 관련문제 명확화 관련 통지≫를 반포하였고 의료폐기물의 관리사업을 가일층 규범화하였다.

【수입폐기물 심사허가 관리】

2005년, 국가환경보호총국에서는 공개, 공정, 공평한 행정심사허가의 원칙에 따라 폐기물수입 해당 법률법규를 엄격히 지키고 심사 허가 공개, 현장검사 및 수입폐기물 블랙리스트 등 관리제도의 실시를 통하여 수입폐기물의 심사허가 관리와 가공이용기업의 감독지도 사업을 효과적으로 진행하였으며 수입폐기물 및 허가증 양도, 전매의 위법행위를 효과적으로 통제하였다.

2005년 자동허가수입과 수입을 제한한 원료로 사용 가능한 폐기물 6,520만톤을 비준하였으며 실제 수입량이 3,954만톤으로 2004년보다 20% 증가, 수입 금액이 118억 달러이며 2004년보다 27% 증가되었다. 이 외에 수입 폐 선박 594대를 비준하였고 실제 수입은 97대이다. 2005년 수입량이 비교적 큰 것은 여전히 폐지, 폐 강철, 폐금속 전기 기구, 폐플라스틱 4가지이며 각각 폐기물 수입 총량의 43%, 23%, 17%와 13%를 차지하며 폐기물 수입 총량의 96%를 차지한다.

2005년 3차에 거쳐 28개 성, 시의 502개 기업을 2005년 폐 금속류 고형폐기물 가공이용 지정단위로 공포하였으며 수입폐기물 가공이용기업에 대한 환경관리를 강화하기 위하여 선후로 40여명을 파견하여 귀주, 광동, 광서, 산동, 하북, 천진, 요녕, 길림 등 20개성의 70 여 개 기업에 대하여 현장 검사하였는바, 폐금속 전기 기구, 폐 전선 케이블과 폐 전기, 사탕수수 즙, 금속회 및 찌꺼기 및 기타 수입폐기물 등 가공이용 과정에서 환경보호시설 운영상황과 기업 환경행위에 대하여 검사를 진행하였다. 전국 각 세관, 품질검사부서 기존 허가증서 7,000여부를 검증하였고 위조 증서 300여부를 조사 처리하였으며 34개 수입폐기물과 수입폐기물 허가증서 위조, 경매한 기업을 국가환경보호총국 수입폐기물 블랙리스트에 넣었다.

【수입폐기물 구역별 관리】

2005년부터 계속적으로 수입폐기물의 "구역별관리"사업을 추진하였다. 국가환경보호총국은 2005년 8월에 ≪폐기전기기계제품 집중 해체이용 환경보호기술규범≫을 반포하였다. 전국에 현재 녕파 진해, 천진 자아, 복건 전통, 강소 태창, 절강 대주, 산동

연태, 하북 문안, 광서 오주와 강소 장가항 단지 총 9개 단지가 건설 중에 있으며 그 중 녕파 진해의 건설이 비교적 성숙되고 전국 수입폐기물과 자원회수이용 "구역별 관리" 사업의 선두로 자리 잡고 있다.

【세관 연락망사업】

2005년 국가환경보호총국과 세관총서에서 함께 고형폐기물수입 및 독성화학품 수출입과 세관 전자항구 연락망사업을 전개하였다. 2005년 2월 6일, 국가환경보호총국과 세관총서에서 ≪중화인민공화국세관총서, 국가환경보호총국에서 연락망 데이터 교환 협력 실현관리 강화 관련 협정서≫를 체결하였다. 2005년 10월 10일, 국가환경보호총국 고형폐기물 수입 및 독성화학품 수출입 심사허가와 세관 전자항구는 정식으로 연락망 운영을 하였으며 데이터 교환협력을 실현하였다.

【독성화학품 수출입 등기관리】

2005년 6월 국가환경보호총국과 세관총서에서 함께 ≪중국에서 금지 혹은 엄격히 제한하는 독성화학품 목록(제2차)≫을 반포하여 환경에 엄중한 위해 가능이 있는 7가지 독성화학품을 ≪중국에서 금지 혹은 엄격히 제한하는 독성화학품 목록≫에 추가하고 독성화학품 수출입환경관리 범위에 넣었으며 7월 10일부터 실시하였다. 2005년 12월, 국가환경보호총국과 세관총서에서 함께 ≪중국에서 엄격히 제한하는 독성화학품목록≫을 반포하여 188가지 독성화학품에 추가하였고 2006년 1월 1일부터 실시한다. 2005년 12월, 국가환경보호총국과 상무부, 세관총서에서 함께 ≪수입금지화물목록(제6차)≫와 ≪수출금지화물목록(제3차)≫을 반포하여 중국에서 도태하고 국제조약에서 사용 금지한 20가지 독성화학품을 중국 수출입 금지화물 목록에 넣었으며 2006년 1월 1일부터 실시하였다. 2005년 국가환경보호총국에서 "독성화학품 수출입환경관리 등기증" 100부, 추가 등기량 등기증 11부, "독성화학품 수출입환경관리 발행통지서" 3,377부, 그 중 수입발행통지서 2,297부, 총 31.4만톤이고 수출발행통지서 1,080부, 총 5.9만톤이며 새로운 독성화학품 수출입환경관리 발행통지서 1,298부, 총 15.7만톤에 대하여 심사하고 발급하였다. 동시에 위조 발행통지서 11부를 검사하여 처벌하였다. 수입 독성화학품은 주로 아크릴로니트릴, 시안화나트륨, 청산칼륨, 청산동 등 10여 가지이며, 수출 독성화학품은 주로 삼산화비소, 시안화나트륨, 염화은칼륨, 비소, 청산칼륨 등 20가지이다.

【신화학물질 환경관리】

2005년 국가환경보호총국에서는 16차 728부 신화학물질 신청면제를 심사 비준하였으며 5차 신화학물질 전문가평가회를 개최하였으며 29부 신화학물질 환경관리 등기증, 116부 신화학물질 환경감독관리통지서를 발급하였다. ≪중국에서 기 생산과 수입한 현존 화학물질명단≫을 재차 갱신, 반포하였고 1,465가지 화학물질을 추가 기록하여 이 명단 총 수가 44,500여 가지에 도달하였다.

같은 해 미국과 화학품 환경관리의 협력에서 비교적 큰 진전을 가져왔으며 국가환경보호총국은 상무부, 국가품질검사총국 등 해당 부서에서 미국 상무부, 환경보호서와 3차의 TV 전화영상회의를 개최하였고 쌍방은 신화학물질관리 강화에 관하여 교류협력하였으며 해당협력 항목을 통하여 좋은 효과를 거두었다.

【고효율 실험실 오염배출 관리】

2005년 국가환경보호총국에서 교육부와 함께 중국과학원과 지방환경보호부서 등 해당 분야를 조직하여 북경, 천진, 광주의 여러 대학 실험실 오염 현황에 대하여 조사를 진행하였으며 학교 실험실 오염방지와 환경관리에 대하여 연구하였다. 이 기초상에서 ≪대학교 실험실 오염배출 관리강화에 관한 통지≫를 반포하여 각급 교육, 환경보호 행정부서, 각 대학교 및 실험실의 오염방지책임을 명확히 하였으며 실험실 폐기물의 신고, 등기, 수집, 저장, 전이, 처리에 대하여 구체적이고 조작 가능한 조치를 제시하였다. 시약의 사용과 관리, 오염방지시설, 오염방지비용 관리, 실험실 성격 변경 혹은 중단 시 부담해야 되는 의무에 대한 명확히 하였다.

【감광재료 폐기물 환경관리 시범실시】

2005년 국가환경보호총국에서 감광재료폐기물 오염방지 시범사업을 전개하였으며 ≪감광재료폐기물 환경관리 시범실시 및 시범실시 도시확정에 관한 통지≫ 및 시범실시 방안을 반포하였으며 중경, 심양, 하얼빈, 무한, 서안 5개 시범도시를 확정하였고 발생, 최종이용과 처리를 함께 관리하는 전문항목 처리를 진행하였다.

【국제조약 실행과 협력】

2005년 국가환경보호총국은 ≪위험폐기물 월경이동 관리 및 처리의 바젤조약≫, ≪지구성 유기오염물질에 관한 스톡홀름조약≫, ≪국제무역에서 일부 위험화학품과 농약에 대하여 사전통지 로테르담조약≫ 등 국제조약의 실행에서 많은 진전을 가져왔다. 그 중, 중국 정부에서 정식으로 ≪지구성 유기오염물질에 관한 스톡홀름조약≫의 실행에 응낙하였고 해당 실행사업을 전개하였으며 위 국제조약과 관련 사업회의에 참석하였으며 최초로 유엔연합국 전 지구 위험화학품 통일분리라벨회의(GHS)에 참가하였다. 이 외에 국가환경보호총국에서는 중국-노르웨이 시멘트 킬른 처리 위험폐기물 환경관리 세미나를 개최하였으며 해당 단위를 조직하여 위험폐기물 관리정책과 처리기술 국제회의를 개최하여 국내 위험폐기물 관리를 추진하였으며 농업부와 함께 독일과 "중국독일폐기농약관리항목"을 전개하였다.

【일본이 중국에 폐기한 화학무기 처리 일본과 협의】

2005년은 항일전쟁 승리 60주년 기념 및 세계 파쇼반대 승리 60주년이다. 항일전쟁의 역사 잔류 문제로서 일본이 중국에 폐기한 화학무기 처리사업도 중국인민과 매체의 관심이 집중되었다. 국가환경보호총국은 계속하여 중일화학무기 전문가협의 환경소조 중국 측 단체구성의 임무를 담당하였으며 총 6차의 환경협의를 주최하였고 1차 정부사업회의에 참가하였다. 7차에 거친 일본이 중국에 폐기한 화학무기 처리 현장작업에 참여하였으며 누계 300여명에 달한다.

2005년 일본에서 폐기한 화학무기의 원활한 처리를 위하여 국가환경보호총국에서는 오칠임도(五七林道) 연장선 건설의 환경영향평가사업을 완성하였으며, 광주시 황포구 구사댐 건설 환경영향평가와 처리공정의 환경영향평가를 전개하였고, 일본이 중국에 폐기한 화학무기 처리 할바산맥(哈尔巴岭) 발굴 회수공정의 환경영향평가를 허가한 동시에 해당 단위를 조직하여 소각공정의 환경모니터링 계획에 대하여 연구하였다. 국내 각 전문가를 조직하여 돈화시 경내 일본에서 폐기 화학무기 관련공정과 각 현장의 사회경제 및 생태환경에 대하여 조사를 진행하였으며, 할바산맥(哈尔巴岭) 생활오수 외부 운송 배출지점 현장 확인과 중일연합 최종 위험폐기물매립장 현장조사를 진행하여 후속 사업에 기술 확보를 강화하였다.

부 8.3 위험폐기물 오염방지 기술정책(危险废物污染防治技术政策)[23)]

국가환경보호총국 [2001]199호 2001-12-17 실시

1. 총칙

1.1 위험폐기물 관리와 처리기술의 발전을 유도하고 사회와 경제의 지속발전가능을 추진하기 위하여 ≪중화인민공화국고형폐기물환경오염방지법≫ 등 해당법규, 정책과 표준에 따라 이 기술정책을 제정한다. 이 정책은 사회경제, 기술수준의 발전에 따라 적시에 수정한다.

1.2 이 기술정책에서 위험폐기물이라 함은 국가위험폐기물 목록에 넣었거나 국가에서 규정한 위험폐기물 감별표준과 감별방법에 근거하여 인정한 위험특성이 있는 폐기물을 말한다. 이 기술정책에서 특수 위험폐기물이라 함은 독성이 크거나 환경 위험이 크고 관리가 어렵거나 위험폐기물의 통용 방법으로 관리와 처리를 해서는 안 되며 특별한 주의가 필요한 폐기물을 말한다. 예를 들면 병원 임상폐기물, 폴리염화비페닐류 폐기물, 생활폐기물 소각재, 폐전지, 폐 광물유, 수은 함유 폐 형광등 등이다.

1.3 위험폐기물 관리의 단계성 목표
2005년에 중점지역과 중점도시에서 발생한 위험폐기물을 적정하게 저장하고 처리여건이 갖추어진 것은 안전처리를 실현한다. 병원임상폐기물의 환경 무해화 처리를 실현한다. 전국 위험폐기물 발생량을 2000년 말의 수준으로 통제한다. 전국에서 위험폐기물 신고 등기제도, 전이전표제도와 허가증제도를 실시한다.
2010년에 중점구역과 중점도시의 위험폐기물 환경무해화 처리를 기본적으로 실현한다.
2015년에 모든 도시의 위험폐기물 환경 무해화 처리를 기본적으로 실현한다.

1.4 이 기술정책은 위험폐기물의 발생, 수집, 운송, 분류, 검사, 포장, 종합이용, 저장과 처리 등 전 과정에서 오염방지 기술선택에 적용하며 상응 설비의 계획, 입안, 소재 선택, 설계, 시공, 운영과 관리를 지도하여 상응 산업의 발전을 인도한다.

1.5 이 기술정책의 총 원칙은 위험폐기물의 감량화, 자원화와 무해화이다.

1.6 행정구역을 넘는 종합성 위험 폐기물 집중처리 시설의 건설과 운영을 격려하고 지지한다.

1.7 위험폐기물의 수집 운송 단위, 처리시설의 설계, 시공과 운영 단위는 상응하는 기술 자격이 있어야 한다.

---

23) 본 자료는 한국환경공단 북경사무소에서 제공받은 자료임을 밝힙니다.

1.8 각급 정부는 격려성 경제정책 등 조치를 제정하여 환경보호 요구에 부합되는 위험폐기물 수집, 저장, 처리체계의 건립을 가속화하고 위험폐기물의 오염방지 사업을 적극 추진해야 한다.

2. 위험폐기물의 감량화

2.1 위험폐기물의 감량화는 위험폐기물을 발생하는 모든 산업공정에 적용된다. 각급 정부는 경제와 기타 정책 조치를 통하여 기업의 청정생산을 추진하고 위험폐기물의 발생을 방지하고 감소시켜야 한다. 기업은 폐기물이 적거나 없는 공법을 적극 사용해야 하고 ≪낙후한 생산능력 도태, 공법과 제품 목록≫에서 도태한 기술공법과 설비의 사용을 금지한다.

2.2 기 발생한 위험폐기물에 대하여 반드시 국가 해당규정에 따라 신고 및 등기하고 표준에 부합되는 전문시설과 장소를 건설하여 적절하게 보존하고 위험폐기물 표시판을 세우며 해당 규정에 따라 스스로 처리하거나 위험폐기물 경영허가증이 있는 단위에 인계하여 수집, 운송, 저장과 처리를 해야 한다. 처리과정에서 조치를 취하여 위험폐기물의 체적, 중량과 위험 정도를 줄여야 한다.

3. 위험폐기물의 수집과 운송

3.1 위험폐기물은 그 성분에 따라 국가표준에 부합되는 전문 용기로 분리수거 해야 한다.

3.2 위험폐기물을 수송하는 용기는 위험폐기물의 특성에 따라 설계하고 쉽게 파손, 변형, 노화되지 않고 누출, 확산을 효과적으로 방지해야 한다. 위험폐기물을 담은 용기는 반드시 라벨을 붙이고 라벨에 상세하게 위험폐기물의 명칭, 중량, 성분, 특성 및 누출, 확산 오염사고 발생의 경우 응급조치와 보완방법을 명기해야 한다.

3.3 주거생활, 사무실과 제3산업에서 발생한 위험폐기물(폐전지, 폐 형광등 등)은 생활폐기물과 분리 수거해야 하고 분리수거를 통하여 그 회수이용과 무해화 처리를 제고하며 위험폐기물의 회수망을 확립하고 완비해야 한다.

3.4 안전하고 고 효율적인 위험폐기물 운송 시스템의 발전과 각종 형식의 전용 차량의 보급을 촉진하며 위험폐기물의 운송의 안전성을 강화한다. 동시에 엄격히 위험폐기물 운송의 관리규정에 따라 위험폐기물을 운송하고 운송 과정의 2차 오염과 초래할 수 있는 환경위험을 감소시켜야 한다.

3.5 위험폐기물 전문 운송회사를 설립하여 위험폐기물에 대한 전문 운송을 유도하며 운송차량에는 특수 표지가 있어야 한다.

4. 위험폐기물의 이동

4.1 위험폐기물의 월경 이동은 ≪위험폐기물 월경이동 규제 및 그 처리의 바젤공약≫의 요구사항을 지켜야 하며 위험폐기물의 국내 이동은 ≪위험폐기물 전이전표 관리방법≫및 기타 해당 규정의 요구조건을 준수하여야 한다.

4.2 각급 환경보호 행정주관부서는 국가와 지방에서 제정한 위험폐기물 이동 관리방법에 따라 위험폐기물의 행방에 대해 효과적인 규제를 진행해야 하며 이동 과정에서 위험폐기물을 환경 속으로 배출하는 것을 금지한다.

5. 위험폐기물의 자원화

5.1 기 발생한 위험폐기물은 우선 회수이용을 고려하고 후 처리의 부담을 감소해야 한다. 회수이용과정은 국가와 지방 해당 규정의 요구에 도달해야 하고 2차 오염을 피해야 한다.

5.2 생산과정에서 발생한 위험폐기물은 생산시스템 내의 회수이용을 적극 추진해야 한다. 생산시스템 내에서 회수 이용할 수 없는 위험폐기물은 시스템 외의 위험폐기물 교환, 물질 전환, 재가공, 에너지이용 등의 조치를 통하여 회수이용을 실현해야 한다.

5.3 각급 정부는 전문항목 기금 설립, 정부 보조금 등 경제정책과 기타 정책조치를 통하여 업체에서 기 발생한 위험폐기물에 대하여 회수 이용할 것을 유도하며 위험폐기물의 자원화를 실현한다.

5.4 국가에서는 위험폐기물 회수이용기술의 연구와 개발을 격려하고 위험폐기물의 회수이용 기술과 설비수준을 점차 제고하며 기술력 제고, 경제성 있는 위험폐기물의 회수이용기술을 적극 추진한다.

6. 위험폐기물의 저장

6.1 기 발생한 위험폐기물에 대해 임시 회수이용이나 처리를 진행하지 못하는 것은 그 발생 단위에서 전문적인 위험폐기물 저장시설을 건설하여 저장하고 위험폐기물 표지를 설치하거나 전문 위험폐기물 저장시설이 있는 단위에 위탁하여 저장해야 하며 저장기간은 국가 규정을 초과해서는 안 된다. 위험폐기물의 저장 단위는 상응한 허가증을 지녀야 한다. 위험폐기물을 어떠한 형식으로도 허가증이 없는 단위에 인계하거나 비 위험폐기물 저장 시설로 이동하는 것을 금지한다. 위험폐기물 저장시설은 상응한 부대시설이 있어야 하고 해당 규정에 따라 관리해야 한다.

6.2 위험폐기물의 저장시설은 아래 요구에 부합되어야 한다.

6.2.1 누출을 막는 차수막을 설치하고 지면과 막은 견고한 누출방지 재료로 건축해야 한다. 분리시설, 경보장치와 방풍, 자외선 차단, 방수 시설이 있어야 한다.

6.2.2 기초 삼투방지층이 점토층으로 된 것은 그 두께는 1 m 이상이고 투수계수는 1.0×10^{-7} cm/초보다 작아야 한다. 기초 삼투방지층은 두께가 2 mm 이상의 고밀도 폴리에틸렌이나 기타 인공 삼투방지 재료로 구성할 수도 있으며 투수계수는 1.0×10^{-10} cm/초보다 작아야 한다.

6.2.3 누출액체 수집 장치 및 기체 포집구와 기체 정화장치가 있어야 한다.

6.2.4 액체, 반고체 위험폐기물을 보관하는 곳은 부식을 방지하는 경화지면이 있어야 하고 지면에 틈이 없어야 한다.

6.2.5 서로 분리하여야 하는 고형폐기물 저장 구역은 반드시 분리시키는 칸막이가 있어야 한다.

6.2.6 라이닝에는 침출수 수집제거 시스템, 빗물 완화 시스템, 우수 수집조를 건설해야 한다.

6.2.7 쉽게 연소하고 폭발하는 위험폐기물의 저장 장소는 소방 설비를 갖추고 독성이 강한 위험폐기물의 저장 장소는 반드시 전문인원이 24시간 관리해야 한다.

6.3 위험폐기물 저장시설의 장소선택과 설계, 운영과 관리, 안전보호, 환경감독 및 응급조치, 폐쇄 등은 ≪위험폐기물저장오염공제표준≫의 규정을 지켜야 한다.

7. 위험폐기물의 소각처리

7.1 위험폐기물 소각은 위험폐기물의 감량화와 무해화를 실현할 수 있고 그 여열을 회수 이용할 수 있다. 소각처리는 그 유용 성분을 회수 이용하기 어렵고 일정한 발열량이 있는 위험폐기물에 적합하다. 폭발하기 쉬운 폐기물은 소각처리를 해서는 안 된다. 소각 시설의 건설, 운영과 오염공제관리는 ≪위험폐기물소각오염공제표준≫ 및 기타 해당 규정에 따라야 한다.

7.2 위험폐기물의 소각처리는 아래 요구에 부합되어야 한다.

7.2.1 위험폐기물 소각처리 전에 반드시 사전 처리나 특수처리를 하여 소각 조건에 도달하여야 하며 위험폐기물은 소각로에서 균일하고 완전하게 소각해야 한다.

7.2.2 소각로의 온도는 1,100℃ 이상에 도달하고 연소가스 체류 시간은 2.0초 이상, 소각 효율은 99.9% 이상, 소각 제거율은 99.99% 이상이어야 한다.

7.2.3 소각시설은 반드시 사전처리 시스템, 배기가스정화 시스템, 경보시스템과 응급처리 장치가 있어야 한다.

7.2.4 위험폐기물 소각에서 발생한 바닥재, 연소가스 처리 과정에서 발생한 비산재는 반드시 위험폐기물에 따라 안전 매립처리를 해야 한다.

7.3 위험폐기물의 소각은 회전킬른을 기초로 하는 소각기술이 적합하고 위험폐기물의 종류와 특성에 따라 로의 형태를 선택할 수 있다. 시멘트 생산의 회전 킬른을 개조 사용하여 위험폐기물을 소각하는 것을 장려한다.

7.4 위험폐기물 소각 여열의 이용을 촉진한다. 규모가 비교적 큰 위험폐기물 소각 시설에 대하여 열병합발전을 실시할 수 있다.

7.5 병원임상 폐기물, 폴리염화비페닐 함유 폐기물 등 일부 전염성, 독성이 크거나 난분해성 유기오염성분을 함유한 특수 위험폐기물은 전문 소각시설 로에 소각해야 한다.

8. 위험폐기물의 안전매립 처리

8.1 위험폐기물의 안전 매립처리는 그 성분과 에너지를 회수 이용하지 못하는 위험폐기물에 적용한다.

8.2 처리를 거치지 않은 위험폐기물을 생활폐기물 매립장에 혼입해서는 안 되며 안전매립은 위험폐기물의 최종 처리수단이다.

8.3 위험폐기물 안전 매립장은 반드시 입장요구와 경영허가증에서 규정한 범위에서 위험폐기물을 접수해야 하고 입장 요구에 도달하지 못하는 것은 사전처리를 하여 매립장의 반입요구에 도달하여야 한다.

8.4 위험폐기물의 안전매립장은 반드시 아래 요구에 부합되어야 한다.

8.4.1 요구에 부합되는 삼투방지층이 있어야 하고 2차 오염이 발생해서는 안 된다. 천연기초층 포화 투수계수가 1.0×10^{-7} cm/초보다 작고 두께가 5 m일 때 천연 기초층을 직접 사용하여 삼투방지층으로 할 수 있다. 천연기초층 포화 투수계수가 $1.0 \times 10^{-7} \sim 1.0 \times 10^{-6}$ cm/초일 때 복합 라이닝을 삼투방지층으로 할 수 있고, 고밀도 폴리에틸렌의 두께가 1.5 mm보다 작아서는 안 된다. 천연 기초층 포화 투수계수가 1.0×10^{-6} cm/초보다 클 때 두 겹의 인공 합성 라이닝(고밀도 폴리에틸렌)을 삼투방지층으로 해야 하고 위 층 두께가 2.0 mm 이상, 아래 층 두께가 1.0 mm 이상이어야 한다.

8.4.2 엄격히 작업 규정에 따라 다짐 작업을 진행해야 하며 압축과 피복을 효과적으로 실시해야 한다.

8.4.3 빗물과 오수의 분류를 효과적으로 실시해야 하고 침출수의 발생량을 줄이며 침출수 배출 시설과 처리시설을 설치해야 한다. 매립지 가스가 발생하기 쉬운 위험폐기물 매립장에 대하여 일정한 수량의 가스 추출정, 수집시스템, 정화 시스템과 경보 시스템을 설치해야 한다.

8.4.4 매립장 운영관리 단위에서는 스스로 혹은 기타 단위에 위탁하여 매립장의 지하수, 지표수, 대기에 대하여 정기적인 감시를 실시해야 한다.

8.4.5 매립장이 종료된 후 봉쇄처리를 해야 하고 효과적인 피복과 생태환경 복구를 진행해야 한다.

8.4.6 매립장을 봉쇄한 후 해당부서의 심의를 거쳐야만 토지에 대하여 적당한 비 농업

개발과 이용을 실시할 수 있다.

8.5 위험폐기물의 매립은 ≪위험폐기물매립오염공제표준≫의 규정에 부합되어야 한다.

9. 특수 위험폐기물의 오염방지

9.1 병원임상폐기물(방사성 폐기물은 포함하지 않음)

9.1.1 병원임상폐기물의 분리수거를 통한 부문별 처리를 촉진한다. 인체 조직기관, 혈액제품, 혈액감염, 체액의 직물, 전염성의 임상폐기물, 환자 생활폐기물 및 혼합 수집한 병원임상폐기물은 전용 소각시설을 건설하여 처리해야 하며 전용 소각시설은 ≪위험폐기물소각오염공제표준≫의 요구에 부합되어야 한다.

9.1.2 도시에는 집중 처리시설을 건설하여 도시와 도시 소재지의 병원임상 폐기물을 수집 처리해야 한다.

9.1.3 일회용 의료기구와 약품의 회수이용을 금지한다.

9.2 폴리염화비페닐 함유 폐기물

9.2.1 폴리염화비페닐 함유 폐기물은 빠른 시일 내에 전용 소각 시설로 집중시켜서 처리하고 기타 경로를 통한 이용 및 처리는 안 되며 그 전용 소각시설은 국가 ≪위험폐기물소각오염공제표준≫의 요구에 부합되어야 한다.

9.2.2 폴리염화비페닐 함유 폐기물의 관리, 저장과 처리는 ≪폴리염화비페닐 함유 전력장치 및 그 폐기물의 환경오염을 방지에 관한 규정≫의 규정을 따라야 한다.

9.2.3 집중 보관 기한이 20년을 초과하였거나 20년을 초과하지 않았으나 이미 환경오염을 초래한 폴리염화비페닐 함유 물질은 기한 내에 소각처리를 진행해야 한다.

9.2.4 신규 사용을 금지한 폴리염화비페닐 함유 전력장치는 원칙상에서 반드시 소각처리를 해야 하며, 특수한 애로가 있는 것은 임시 저장할 수 있으나 저장 기한이 3년을 초과해서는 안 된다. 임시 저장창고와 집중 저장창고의 위치 선정과 설계는 반드시 ≪폴리염화비페닐(PCBs) 함유 폐기물의 임시 저장창고와 집중 저장창고 설계규범≫의 요구에 부합되어야 하며 집중 저장창고의 건설은 반드시 환경영향평가를 진행해야 한다.

9.2.5 폴리염화비페닐 함유 위험폐기물의 조사 및 그 저장 시설의 관리를 강화하고 폴리염화비페닐 함유 위험폐기물의 처리과정에 대하여 추적 관리를 진행해야 한다.

9.3 생활폐기물 소각재

9.3.1 생활폐기물 소각에서 발생된 재는 반드시 단독으로 수집하고 생활폐기물, 소각 찌꺼기 등 기타 폐기물과 혼합해서는 안 되며 기타 위험폐기물과 혼합해서는 안 된다.

9.3.2 생활폐기물 소각재는 발생지에서 장기적으로 저장하거나 간이 처리, 배출해서는 안 된다. 생활폐기물 소각재는 발생지에서 반드시 필요한 고화와 안정화 처리를

진행한 후 운송할 수 있고 운송은 전용 운송도구를 사용해야 하며 운송도구는 반드시 밀폐해야 한다.

9.3.3 생활폐기물 소각재는 반드시 안전 매립처리를 진행해야 한다.

9.4 폐전지

9.4.1 국가와 지방 각급 정부는 기술, 경제정책을 제정하여 수은, 카드뮴 전지를 도태해야 한다. 생산업체는 국가 법률과 산업정책에 따라 제품구성을 조절하고 제때에 수은, 카드뮴 전지를 도태해야 한다.

9.4.2 수은, 카드뮴 함유 전지가 도태되기 전에 도시생활폐기물 처리단위는 분리수거, 저장, 처리시설을 건립하여 폐전지에 대하여 효과적인 관리를 해야 한다.

9.4.3 폐전지의 분리수거를 유도하고 수은, 카드뮴 함유 전지가 생활폐기물 소각시설에 혼입되는 것을 피해야 한다.

9.4.4 폐 납전지는 반드시 회수이용을 해야 하고 기타 방법으로 처리해서는 안 되며 그 수집, 운송 절차는 반드시 위험폐기물 관리에 넣어야 한다. 연간 처리 규모가 2만톤 이상인 폐 납전지 회수이용의 발전을 촉진하고 소형의 납 재활용 업체를 도태하며 습식 납 재활용 생산 공법의 사용을 유도한다.

9.5 폐 광물유

9.5.1 폐 광물유 수집체계의 건립을 격려하고 폐 광물유를 함부로 버리거나 묻어버리고 하수도에 버리거나 건축 몰드오일로 사용하는 것을 금지하며 황산, 백토법(白土法)을 사용한 폐 광물유 재활용을 금지한다.

9.5.2 폐 광물유의 관리는 ≪폐윤활유 회수와 재활용기술 지도원칙≫등 해당 규정에 따라야 하고 무산 폐유 재활용기술을 사용하고 새로운 유수 분리시설이나 활성효소를 사용하여 폐유에 대해 회수 이용하는 것을 격려하며 중점도시에서 구역 폐 광물유 회수시설을 건설하는 것을 촉진하여 소재지의 폐 광물유를 발생시키는 자를 위해 서비스를 제공한다.

9.6 폐 형광등

9.6.1 각급 정부는 기술, 경제정책을 제정하여 제품구성을 조절하고 고 오염 형광등을 도태하여야 하며 폐 형광등의 수집체계와 자금체제의 확립을 격려한다.

9.6.2 폐 형광등의 발생, 수집과 처리의 관리를 강화하고 중점도시에서 구역 폐형광등의 회수 처리시설 건설을 유도하며 그 구역의 폐 형광등의 회수처리를 위해 서비스를 제공한다.

10. 위험폐기물 처리 관련 기술과 설비

10.1 고 효율 위험폐기물 수집 운송기술과 설비의 연구 개발과 도입을 촉진한다.

10.2 고 효율, 실용적인 위험폐기물 자원화 이용기술과 설비의 연구개발과 도입을 격려한다,

위험폐기물 분리수거와 파쇄설비, 열 처리설비, 대형 위험폐기물 처리와 이용설비, 사회 위험폐기물처리와 이용설비를 포함한다.

10.3 위험폐기물 처리 전용 감시계기 설비의 개발과 국산화를 가속화한다. 소각시설 온라인 배기가스 측정기구 등을 포함한다.

10.4 고 효율, 실용적인 위험폐기물 소각 플랜트기술과 설비의 연구개발을 격려한다. 위험폐기물 소각로 기술, 위험폐기물 소각 오염공제기술과 위험폐기물 소각 여열 회수이용 기술 등을 포함한다.

10.5 고 효율, 실용적인 안전 매립처리 핵심기술과 설비의 연구와 개발을 격려한다. 신형 매립 삼투방지 라이닝과 피복재료, 매립 전용기구, 위험폐기물 매립장 침출수 처리기술 및 위험폐기물 매립장 봉쇄기술을 포함한다.

10.6 위험폐기물 감별기술 및 계기설비의 연구와 개발을 격려하며 위험폐기물 관리기술과 방법의 연구를 격려한다.

10.7 폐전지와 폐형광등의 처리와 회수이용 기술의 연구 개발을 촉진한다.

부 8.4 폐가전 · 전자제품 오염방지 기술정책

(废弃家用电器与电子产品污染防治技术政策)

(국가환경보호총국 2006-08-14시행, 环发[2006]115号) [24]

8.4.1 폐가전제품 · 전자제품 오염방지 기술정책

가. 추진 배경

- 중국환경보호총국은 오염원에서부터 폐가전제품 및 전자제품의 폐기를 고려하고 회수 · 이용 과정에서의 환경오염을 저감하기 위해 국가환경보호총국, 과학기술부, 정보산업부, 상무부와 공동으로 '폐가전제품 · 전자제품의 오염방지 기술정책'(이하 '기술정책'이라 약함)을 수립 · 발표함
- 중국 국가환경보호총국 과학기술사 관련자에 의하면, 최근 수년간 중국의 가전제품 및 전자제품 폐기량이 급격히 증가되고, 또한 선진국에서 불법 수입

24) 본 자료는 한국환경공단 북경사무소에서 제공받은 자료임을 밝힙니다.

된 전자제품 폐기물이 중국의 일부 연안지역에 폐기되는 실정

- 상기 여건 하에서 낙후된 전자폐기물 처리방식으로 인해 생태환경과 인체 건강에 심각한 위해성을 초래

- 환경보호총국은 본 <기술정책>이 지침 성격의 기술문건으로 향후 중국의 전자폐기물 처리사업에서 다음과 같이 중요한 지침 역할을 할 것이라고 강조함

  1) 국가 관련법규 및 기준, 특히 전자전기제품의 친환경적 설계기준, 폐제품의 분해・재활용・처리 과정에서의 오염통제관련 기술규범 제정에 대한 중요한 근거를 제공

  2) 향후 폐전자전기제품의 처리시 적용 가능한 공법・기술 방향을 제시하고, 아울러 현재 일반적으로 사용되는 낙후한 공법・기술을 도태하는 규정을 명확히 제시

  3) 폐전자전기제품 처리업종에 대한 오염방지 관련 기술・설비의 연구개발 방향을 정확히 제공하여 관련 산업 발전을 촉진

나. '기술정책'의 주요내용

- 첫째, 폐가전제품・전자제품 오염저감 원칙을 제시하고 전자폐기물의 감량화, 자원화와 무해화의 '3화'원칙과 '오염자 부담원칙'을 적용. 즉, 제품의 생산자・판매자・소비자가 법에 따라 폐제품의 오염방지 책임을 부담
- 둘째, 폐가전제품・전자제품의 오염방지를 위한 3대 목표를 제시. 오염원에서부터 전자제품의 유독유해물질의 사용을 통제・저감하고 전자제품의 회수율과 자원화율을 향상시키며 폐전자제품의 자원화 과정에서의 오염 통제를 규범화
- 셋째, 제품의 친환경설계 요건을 제시. 즉, 유독유해물질의 사용 저감, 제품의 사용수명 연장, 제품의 재활용 및 순환이용(재활용) 특성 향상, 제품 간 부품의 호환성 제고, 포장재의 합리적 사용 등을 제시
- 넷째, 유독유해물질의 정보표시제를 제시. 유독유해물질 사용을 금지하기 전에 유독유해물질의 정보표시제를 시행. 생산자는 제품 중에 함유된 유독유해물질의 정보와 함께 제품의 회수・이용 및 처리에 영향을 미치는 기타 정보를 표시하도록 함
- 다섯째, 폐가전제품・전자제품의 재활용을 장려하되 폐전자제품의 재활용 시 오염방지 요건에 부합해야 함. 재활용 및 수리과정에서 유독유해물질이 쉽게

발생되지 않아야 함

- 여섯째, 유해물질을 함유한 전자제품의 부품에 대해 현 단계에서 적용할 수 있는 최적의 처리공법 · 기술에 상응하는 오염방지 요건을 제시
- 일곱째, 향후 발전을 장려하는 6대 기술 · 설비를 제시
- 여덟째, '기술정책' 시행과 함께 '기술정책'은 국가에서 요구하는 기타 조치 방안을 제시

붙임 : **폐가전제품 · 전자제품 오염방지 기술정책** (주요내용 발췌)

(국가환경보호총국 과학기술표준사 2006-08-14시행)

1. 총칙

(1) 근거 및 목적

가전 · 전자제품의 폐기량을 저감하고 재활용 비율을 제고하며 재활용 및 처리 과정중에 발생되는 환경오염을 통제하기 위하여 「고형폐기물오염환경방지법」, 「청정생산촉진법」 및 관련 환경법규에 따라 이 기술정책을 제정한다.

(2) 적용범위

이 기술정책에서 지칭하는 가전제품은 가전제품 및 이와 용도가 유사한 제품을 말하며 TV, 냉장고, 에어컨, 세탁기, 청소기 등을 포함한다. 전자제품이란 정보기술(IT)및 통신제품, 사무시설을 지칭하며 컴퓨터, 인쇄기, 팩스기, 복사기, 전화기 등을 포함한다.

이 정책은 가전 · 전자제품의 친환경설계, 폐제품의 수거 · 운송 · 저장, 재활용 및 처리의 제반 과정 중에 발생 가능한 환경오염 방지에 적용되며, 폐가전제품 · 전자제품의 자원화 이용시설 및 처리시설의 계획, 입안, 설계, 건설, 운영 및 관리에 관하여 기술적 지침을 제시하고 관련 산업 발전을 유도한다.

(3) 용어의 정의

(a) 폐가전제품 · 전자제품 : 이미 사용가치를 상실하였거나 제품의 사용가치가 수요를 만족시킬 수 없어 폐기된 가전제품 · 전자제품과 이의 부품(기계부

품)・부속품(조립부품) 및 소재를 지칭하며 다음 제품들을 포함한다.

① 소비자(사용자)가 폐기한 가전제품・전자제품

② 생산과정에서 발생된 불량제품 및 그 부품(기계부품)・부속품(조립부품)

③ 보수・유지과정에서 폐기된 부품(기계부품)・부속품(조립부품) 및 소재

④ 관련 법규에 의하여 인정되는 전자폐기물

(b) 유독・유해물질 : 가전제품・전자제품에 함유된 납, 수은, 카드뮴, 6가 크롬, 폴리브롬화 비페닐(PBB), 폴리브롬화 디페닐에테르(PBDE) 및 국가에서 규정한 기타 유독/유해물질을 지칭함

(c) 생산자 : 가전제품・전자제품이나 부속품(조립부품)・부품(기계부품) 등의 브랜드(상표) 소유자를 지칭하며, 다음 대상을 포함한다.

① 자기 고유 브랜드(상표)로 가전제품・전자제품이나 부품(기계부품)・부속품(조립부품)을 제조・판매하는 자

② 타 공급자가 생산한 가전제품・전자제품이나 부품(기계부품)・부속품(조립부품)을 자기 고유 브랜드(상표)로 전환하는 자

③ 가전・전자제품 수입업체

(d) 재사용 : 폐가전제품・전자제품이나 제품의 부품(기계부품)・부속품(조립부품)을 간단하게 보수・처리한 후 원래 용도로 다시 사용하는 모든 행위를 가리킨다. 다만 중고 가전제품과 전자제품을 타인에게 양도하여 재사용하는 경우는 제외한다.

(e) 순환이용 : 폐가전제품・전자제품이나 폐자재를 재가공하여 가공 후 자재의 용도가 원래와 동일하거나 상이하게 사용되는 것을 가리킨다. 다만 폐자재를 직접 소각하여 열 회수하는 것은 포함하지 않는다.

(f) 처리 : 폐가전제품・전자제품에 대한 오염물질의 제거・분리・파쇄를 통하여 순환이용 하는 것을 지칭한다.

(g) 처분 : 폐가전제품・전자제품 처리 후 발생되어 더 이상 재활용이 불가한 잔여물을 소각・매립 또는 기타 방식을 통하여 감량하거나 또는 위해성을 제거하는 것을 가리킨다.

(4) 지도원칙

(a) 「3化」원칙 추진

① 감량화 : 가전제품・전자제품의 친환경 설계를 통하여 유독유해물질과

원자재의 사용량을 줄이고 제품의 사용수명을 연장하며 제품의 순환이용 특성을 개선하여 전자폐기물의 발생량과 위해성을 감소시킨다.

② 자원화 : 가전제품 · 전자제품과 그 부품(기계부품) · 부속품(조립부품) 등에 대한 재사용 및 순환이용을 통하여 폐가전제품 · 전자제품의 재활용 비율을 제고한다.

③ 무공해화 : 선진적이고 타당한 처리 · 처분 공정기술을 통하여 폐가전제품 · 전자제품의 순환이용 및 처리 · 처분과정에서 발생하는 환경오염을 통제한다.

(b) 오염제조자에 대한 책임 부과원칙 시행

국가는 폐가전제품 · 전자제품으로 인한 환경오염을 방지함에 있어서 오염제조자에게 책임을 부과하는 원칙을 시행한다. 가전제품 · 전자제품의 생산자(수입자 포함) · 판매자 · 소비자는 유통과정 중에 발생한 폐가전제품 · 전자제품에 대하여 법규에 따라 오염방지 책임을 부담한다.

(5) 목표

(a) 국가는 분기별로 사용을 금지 · 제한하는 유독유해물질 목록을 발표 · 갱신하고, 제품에 대하여 시장접근 물량제도를 시행하며, 친환경적인 제품에 대한 정부녹색구매정책을 추진하여 유독유해물질의 사용을 원천적으로 저감하고 통제한다.

(b) 상대적으로 완벽한 폐가전제품 · 전자제품 회수시스템을 구축하여 폐가전제품 · 전자제품의 회수율과 자원화 이용율을 제고한다.

(c) 폐가전제품 · 전자제품 자원화시 발생하는 환경오염 행위를 규범화하며 오염물질의 배출을 통제한다. 자원화 과정에 발생한 위해폐기물은 위해폐기물 처분시스템을 통하여 기본적으로 안전하고 공해 없이 처리한다.

(6) 국민 참여

국민을 대상으로 환경 홍보 · 교육을 전개하여 환경보호 및 자원절약에 대한 인식을 제고하며 인센티브 조치를 취하여 생산자 · 판매자 · 소비자 · 재활용자 및 관련자들이 폐가전제품 · 전자제품 회수 · 재활용에 적극 참여하도록 장려한다.

2. 친환경 설계

(1) 유독유해물질의 사용 저감

(a) 가전제품 · 전자제품에 유독유해물질을 사용하지 않거나, 사용량 저감을 장려하며 안전한 무공해 대체물질 또는 저공해 대체물질의 개발 · 사용을 장려한다.

(b) 국가는 가전제품 · 전자제품의 품목에 따라 분기별로 유독유해물질의 사용을 점진적으로 제한 · 금지한다.

(2) 제품 사용수명 연장

모듈화 디자인, 부품(기계부품), 부속품(조립부품)의 사용수명을 통일한 설계, 유지 · 보수 및 업그레이드가 간편한 설계방식을 적용하여 제품 사용수명을 연장하는 것을 장려한다.

(3) 제품의 재사용 · 순환이용 성능 제고

생산자는 특수한 설계 · 가공공정을 통하여 고의적으로 제품 폐기후의 재사용을 제한해서는 안 된다. 다만 해당 설계 · 가공기술이 환경보호와 안전 요건에 유리할 경우에는 제한을 받지 않는다. 원자재의 사용종류를 줄이고 회수가 용이한 자재를 많이 사용하도록 장려한다. 국제적으로 인정하는 표시기준에 따라 부속품(조립부품)에 표시를 해야 하며 폐제품 분리에 유리한 설계 · 공정기술을 적용하여 폐제품의 재활용률을 제고한다.

(4) 제품 부속품(조립부품)의 상호 교체성 제고

제품에 사용하는 부속품(조립부품)을 규격화함으로서 상이한 브랜드 또는 동일 브랜드의 상이한 모델간의 부속품(조립부품) 상호 교체가 가능하도록 한다.

(5) 합리적인 포장재 사용

회수 · 재이용에 유리하거나 처리가 용이한 포장재를 사용하여 포장재 회수 · 재활용률을 제고해야 하며, 과도한 포장을 제한하여 폐포장재의 발생량을 저감한다.

3. 유독유해물질 함유정보 표시

(1) 독성유해물질의 사용이 완전히 금지되기 전까지 유독/유해물질 함유정보 표시 제도를 점진적으로 추진한다. 생산자는 국제적으로 인정하는 기준이나 국내의 관련 함유정보 표시기준에 따라 생산제품의 부품(기계부품) · 부속품(조립부품)에 함유되어 있는 유독유해물질의 명칭 및 코드를 표시해야 하며, 부피 또는 제품 기능상의 제한으로 표시가 불가능할 경우에는 사용설명서에 명확히 기재해야 한다.

(2) 생산자는 가전제품 · 전자제품의 재사용자 및 처리 · 처분 인원에게 관련 자료와 정보를 제공해야 하며 특히 유독유해물질을 함유하고 있는 부품(기계부품)의 명칭 및 부품(기계부품)장치의 위치 등의 정보를 제공해야 한다.

4. 수집 · 운송 및 보관

(1) 참여대상을 다원화하고, 품목 및 발생원에 따라 폐가전제품 · 전자제품의 수거시스템을 구축하는 것을 장려한다. 회수시스템 구축 시는 정부기관 · 기업 · 가정별로 폐가전제품 · 전자제품의 특성이 상이한 점을 감안하여 회수해야 한다.

(2) 국가는 업종별 협회 등 비정부조직이 폐가전제품 · 전자제품 정보시스템을 구축하여 폐제품 회수관련 정보서비스를 제공하는 것을 장려한다.

(3) 폐가전제품 · 전자제품의 회수는 유료서비스, 교환, 무료거래 등의 시장수단을 이용할 수 있으며, 소비자(사용자)가 폐기물을 지정된 수거장소에 운송하거나 예약 수거하는 방식을 장려한다.

(4) 회수자가 수집한 폐가전제품 · 전자제품은 관련 인증자격이 있는 업체로 운송하여 집중하여 전문적 · 무공해 방식으로 처리 · 처분해야 한다.

(5) 폐가전제품 · 전자제품 운송 시는 반드시 적합한 포장조치를 취해야 하며 파손되기 쉬운 제품 · 부속품이 운송과정에서 파손되거나 유독유해물질이 누설 · 방출되는 것을 피해야 한다.

(6) 폐가전제품 · 전자제품은 반드시 전용장소에 보관해야 하며, 전용장소는 바닥침투방지 처리 및 빗물 방지조치를 취해야 한다.

5. 재활용

국가는 폐가전제품 · 전자제품의 재사용을 배려한다. 다만 다음의 기본 요건에 부합되어야 한다.

(1) 폐가전제품 · 전자제품의 재활용 업종에 종사하는 업체는 반드시 필요한 오염방지시설이 갖추어져야 하며 재활용과정 중에 필요한 오염방지조치를 취해야 한다.

(2) 폐가전제품 · 전자제품을 재사용 시는 파괴적인 방법을 사용하여 다량의 폐부품(기계부품) · 부속품(조립부품)을 발생시키거나 유독유해물질을 배출해서는 안 된다.

6. 처리 및 처분

(1) 처리 · 처분 업체의 요건

(a) 처리 · 처분장의 입지는 반드시 국가 · 지방의 관련계획 요건에 부합되어야 한다. 자연보호구역, 관광명승지, 상수원보호구역 및 인구밀집지역과 기타 특별보호가 필요한 지역에서는 처리 · 처분장의 입지가 금지된다.

(b) 폐제품 중 유독유해물질을 함유한 부품(기계부품) · 부속품(조립부품)의 파쇄 및 분류는 반드시 밀폐된 시설에서 진행되어야 하며, 발생되는 폐가스 · 미세먼지는 수집 · 정화하여 규정된 표준에 만족하도록 배출한다.

(c) 처리 · 처분업체에는 반드시 폐수 수집시설 및 용기를 설치해야 하며 작업장소는 바닥침투 방지처리를 해야 한다. 세척용 폐수는 사전처리를 거쳐 규정된 표준에 만족하도록 배출한다.

(d) 처리 · 처분과정 중 발생하는 잔재물과 폐수처리 과정 중에 발생하는 슬러지는 위험폐기물 판별기준(GB5085.1-3-1996)에 따라 위험성을 판별해야 한다. 위험폐기물에 속하는 경우, 위험폐기물로 구분하여 처리해야 하며 생활폐기물에 혼합 배출해서는 안 된다.

(2) 분리

(a) 폐가전제품 · 전자제품의 보수가 불가능하거나 업그레이드 방식의 재사용이 불가능할 경우에는 수동 또는 기계 작업을 통하여 분리 후 품목별로 처리해야 한다. 분리 후 사용가치가 있는 부품(기계부품) · 부속품(조립부품)은

우선 재사용하도록 고려하고, 재사용이 불가능한 부품(기계부품) · 부속품(조립부품)은 전문 순환이용 공장(재활용공장)으로 운송하여 금속 · 유리 · 플라스틱 등의 재료를 회수 · 이용해야 한다.

(b) 다음 물질을 함유하고 있는 부품(기계부품) · 부속품(조립부품)은 품목별로 분리한 후 별도 분류하여 수집해야 한다.

① 모니터, TV의 음극선관(CRT)
② 표면적이 100 cm^2 이상인 액정모니터(LCD) 및 기체방전식 전구
③ 표면적이 10 cm^2 이상인 인쇄회로기판
④ PBB나 PBDE 난연제를 함유한 플라스틱 전선케이블 및 기기 외곽장치
⑤ PCBS 축전기 및 수은을 함유한 부속품
⑥ 니켈카드뮴 충전지, 리튬전지 등
⑦ 폐냉장고, 에어컨 및 기타 냉동용 압축기 중에 함유한 냉동제와 윤활유

(3) 위험물질이 함유된 부속품(조립부품)의 처리

(a) 음극선관(CRT)

① 칼라음극선관은 납이 함유된 후면유리와 납이 함유되지 않은 전면유리를 분류하여 수집해야 한다. 납이 함유된 후면유리는 음극선관 유리 제조사의 제조 원료로 또는 기타 방식을 통하여 순환이용하거나 또는 안전하게 처리해야 한다.

② 전면유리의 코팅물질에 함유된 형광물질은 건식 또는 습식공정을 이용하여 제거할 수 있다.

가) 건식 공정을 이용하여 전면유리에 코팅한 형광도료를 제거할 경우, 미세먼지 추출장치 및 필터장치를 설치해야 하며 회수한 형광분말을 적정하게 저장해야 한다.

나) 습식 공정을 이용하여 전면유리에 코팅한 형광도료를 세정할 경우, 발생한 세정 폐수는 처리 후 지정된 표준에 만족하도록 배출할 수 있으며 형광분말을 함유한 슬러지는 무공해 처리를 해야 한다.

(b) 액정모니터(LCD)

① 휴대용 컴퓨터 및 기타 표면 면적이 100 cm^2 이상인 LCD모니터는 파손하지 않는 분리방식을 적용해야 하며 LCD패널(LCD코팅 부분이 누설되어서는 안 된다), B/L 모듈 및 드라이버 IC를 분리 · 제거해야 한다.

② LCD의 무공해처리는 가열추출 또는 촉매분해기술을 적용할 수 있다.

③ 백라이트(B/L) 모듈에서 분리 제거한 냉음극형광램프는 수은회수 전문 종사업체에 운송하여 수은을 회수하거나 또는 기타 수은함유 형광램프와 함께 위해폐기물로 취급하여 처리해야 한다.

(c) 회로기판

① 주석과 납 용접재료를 가열 융해하여 회선기판의 부품(기계부품) · 부속품(조립부품)을 분리할 때에는 배기후드를 이용하여 용접재료 융해시 배출되는 납가스를 추출해야 하며 지정된 기준에 부합되게 처리한 후 배출해야 한다.

② 회선기판에서 분리된 칩, 금이 함유된 연결기기 및 기타 귀금속이 함유된 폐자재는 용식, 산세척, 전기 분해 및 정련 등의 기술공정을 통하여 금 · 은 · 팔라듐 등의 귀금속을 회수해야 한다. 회수처리시설에는 환경보호 차원의 부대시설이 설치되어야 한다. 환경보호조치가 없는 간단한 산 용액 분해공정을 통하여 금 · 은 · 팔라듐 등 귀금속을 추출하는 것을 금지하며 폐산액과 잔재물의 무단투기를 금지한다.

③ 회선기판에서 분리된 PCBs 축전기 등의 위험폐기물은 반드시 위험폐기물 처리장에 수송하여 처리해야 한다.

④ 칩, 축전기 및 기타 부품을 분리한 회선기판은 파쇄, 분류별 선정 등의 방식을 통하여 구리 · 유리섬유 및 수지를 회수할 수 있다. 파쇄 시는 반드시 밀폐된 시설에서 진행하고 미세먼지 처리장치가 설치되어야 한다.

(d) PBB 또는 PBDE 난연제가 함유된 전선케이블 및 플라스틱 기기외곽

① PBB 또는 PBDE가 함유된 전선케이블 및 플라스틱 기기외곽은 기타 일반 전선케이블과 구분하여 수집해야 한다.

② PBB 또는 PBDE가 함유된 전선케이블 회수시 구리와 알루미늄은 물리적 방법을 이용하여 회수하되, 분쇄 · 분리공정은 밀폐된 시설에서 진행하고 분리된 전선케이블의 코팅부분은 무공해 처리해야 한다. 옥외 또는 환경보호조치가 없는 간이소각로에서 전선 케이블을 소각하여 구리 · 알루미늄 등의 금속을 회수 하는 것을 금지한다.

③ PBB 또는 PBDE를 함유한 플라스틱 기기외곽에 대해서는 무공해 처리를 해야 한다.

(e) 전지

폐가전제품 · 전자제품에서 분리된 종류별 전지(축전지, 충전전지, 버튼전지)의 처리 · 처분은 「폐전지 오염방지 기술정책」 및 관련 규정 · 표준에 따른다.

(4) 처분

(a) 폐가전제품 · 전자제품의 재활용률을 제고하고 자원을 절약하기 위하여 경제적이고 기술 확보가 가능한 경우에는 재사용 및 순환이용을 우선 고려해야 하며, 이후에 소각 또는 매립처분을 고려한다.

(b) 음극선관을 함유한 컴퓨터 모니터와 TV를 생활폐기물 매립장 또는 생활폐기물 소각장에서 처분하는 것을 금지한다.

(c) 폐가전제품 · 전자제품의 처리과정 중에 발생하는 각종 위험폐기물과 잔재물은 소각 · 매립 또는 기타 적정한 방식을 통하여 처분해야 하며 폐수, 폐가스의 배출은 관련 환경기준에 부합되어야 한다.

7. 국가에서 장려하는 기술개발 및 장비개발

(1) 주석/납 용접재료 대체품 생산사업, 브롬 함유 난연제 대체 기술 등

(2) 음극선관과 LCD모니터의 분리 · 재이용 및 처리에 관한 제반기술 및 장비

(3) 품목별 폐가전제품 · 전자제품의 파쇄 · 분리분류 및 무공해 처리기술 및 장비

(4) 가전제품 · 전자제품의 무공해 또는 저공해 원자재 개발 및 생산기술

(5) 냉장고, 에어컨에 사용되는 CFCs 냉매 및 발포제 대체기술의 보급 · 적용을 장려하며, 오존층을 파괴하지 않고 온실효과를 저감할 수 있으며 이용효율이 높은 물질로 CFCs를 대체하는 기술 · 장비

(6) 폐냉장고, 에어컨 및 기타 냉각용 압축기에 사용되는 CFCs 냉매 회수기술 및 장비

8. 인센티브 정책 · 법규 및 기준

(1) 국가는 사용을 금지 · 제한하는 유독유해물질 리스트를 제정하고, 목록에 따라 분기별로 독성유해물질을 함유한 가전제품 및 전자제품의 판매를 금지한다.

(2) 국가는 정부녹색구매 정책 및 관련 구매기준을 작성하고 보완하여 친환경적인 제품을 우선적으로 구매하고 가전제품・전자제품의 생산이 친환경적으로 발전되도록 계도한다. 정부는 분기별로 점진적 추진방식을 통하여 가전제품 및 전자제품의 녹색구매정책을 실시한다. 구체적인 단계는 다음과 같다.

- 우선구매단계 : 녹색구매기준에 부합되는 가전제품・전자제품을 분류하여 우선 구매한다.
- 구매금지단계 : 녹색구매기준에 부합되지 않는 가전제품・전자제품을 분류하여 구매를 금지한다.

(3) 정부는 관련 기술법규・표준 제정을 강화하며, 폐제품의 분리・재활용 및 처분에 관한 환경기술규범과 제품 중의 유독유해물질 함유량 제한치 등에 관한 기준을 제정한다.

(4) 국가는 폐가전제품・전자제품 오염방지에 관한 기술표준시스템을 검토하여 제품의 생태설계기준, 재사용제품기준, 제품 또는 부품의 회수이용 표시기준, 회수이용률 및 순환이용률 산정방법 등을 제정한다.

부 8.5 도시생활폐기물처리 및 오염방지 기술정책 25)

(城市生活垃圾处理及污染防治技术政策)

건설부와 국가환경보호총국 과학기술부에서 공동 반포 2000-05-29

1. 총칙

1.1 도시생활폐기물처리 및 오염방지기술발전을 인도하고 도시생활폐기물 처리 수준을 제고하며 환경오염을 방지하고 사회, 경제와 환경의 지속가능 발전을 추진하기 위하여 ≪중화인민공화국고형폐기물환경오염방지법≫과 국가 해당 법률, 법규에 근거하여 이 기술정책을 제정한다.

1.2 도시생활폐기물(아래 폐기물이라고 약칭)이라 함은 도시 일상생활 중이나 도시일상 생활에 서비스를 제공하는 활동 중에서 발생한 고형폐기물을 도시생활폐기물

25) 본 자료는 한국환경공단 북경사무소에서 제공받은 자료임을 밝힙니다.

이라고 말한다.

1.3 이 기술정책은 폐기물 수집, 운송, 처리 전 과정의 관리와 기술선택 응용, 폐기물 처리시설의 계획, 입안, 설계, 건설, 운행과 관리 지도, 해당 산업의 발전을 인도하는 데 적용한다.

1.4 도시계획과 환경보호계획에 근거하여 폐기물 처리 관련 계획을 제정하고 폐기물 처리시설 구성과 규모를 적정하게 확정해야 한다. 조건을 만족하는 지역에서는 구역시설계획과 폐기물 집중처리의 진행을 촉진한다.

1.5 감량화, 자원화, 무해화의 원칙에 따라 쓰레기 발생 전 과정 관리를 강화하고 발생원으로부터 폐기물의 발생을 줄인다. 기 발생한 폐기물에 대해 적극적으로 무해화 처리와 회수이용을 진행하고 환경오염을 방지해야 한다.

1.6 위생매립, 소각, 퇴비, 회수이용 등 폐기물 처리기술 및 설비에는 상응 적용조건이 있고 각 지의 실정에 맞고 기술 가능, 설비 확실, 규모 적당, 종합처리와 이용의 원칙 하에서 그 중의 하나 적당한 조합을 적정 선택할 수 있다. 위생매립장 자원과 자연조건이 적합한 도시에서는 위생매립을 폐기물 처리의 기본 방안으로 한다. 경제조건, 폐기물 발열량 조건을 갖추고 위생매립장 자원이 부족한 도시에서는 소각처리기술을 발전시킬 수 있다. 적합한 생물처리기술을 적극적으로 발전시키고 종합처리방식을 사용하도록 격려한다. 폐기물을 함부로 버리거나 규제 없이 쌓아두는 것을 금지한다.

1.7 폐기물 처리시설의 건설은 기본건설절차와 환경영향평가의 요구에 따라 엄격히 집행하고 폐기물 처리시설의 검수와 폐기물 처리시설 운영과정 중 오염배출의 감독을 강화해야 한다.

1.8 폐기물 처리시설 건설투자 다원화, 운영시장화, 설비표준화와 감독 자동화를 격려한다. 사회 각계에서 폐기물 감량, 분리수거와 회수이용에 적극 참가할 것을 격려한다.

1.9 폐기물 처리기술의 발전은 반드시 과학기술진보에 의거하여 신기술을 적극 연구하고 신 공법을 응용하며 신 설비와 신 자재를 이용하고 기술 집적을 강화함으로서 점차 폐기물 처리기술설비 수준을 제고해야 한다.

2. 폐기물 감량화

2.1 과도 포장을 제한하고 소비제품 포장재 회수체계를 건립하며 일회용 소비제품에

의해 발생한 폐기물을 감소시킨다.

2.2 도시 연료구성의 변경을 통하여 천연가스 보급율과 집중 공열율(供热率)을 높이고 석탄재 폐기물 발생량을 줄인다.

2.3 세정 야채를 시장에서 판매하는 것을 유도하고 주방 잔여 쓰레기 발생량을 줄인다.

3. 폐기물 종합이용

3.1 종합이용기술을 적극적으로 발전시키고 폐지, 폐 금속, 폐 유리, 폐플라스틱 등에 대한 회수이용의 전개를 격려하며 폐기물 자원 회수망을 점차 건립한다.

3.2 폐기물 소각 여열이용과 매립가스 회수이용, 유기성 폐기물의 고온퇴비와 혐기성 소화, 혐기성 소화시의 바이오 가스 이용 등을 장려한다.

3.3 폐기물 회수와 종합이용 과정에서 2차 오염을 피하고 제어하여야 한다.

4. 폐기물 수집과 운송

4.1 폐기물 분리수거를 적극적으로 전개한다. 폐기물 분리수거는 분리처리와 결합하고 처리방식에 따라 분리하여야 한다.

4.2 폐기물 수집과 운송은 밀봉해야 하며 노출, 흩어지거나 새는 것을 방지해야 한다. 압축 수집과 운송방식의 이용을 장려한다. 오픈 수집과 운송방식을 시급히 도태시켜야 한다.

4.3 자원회수와 이용을 결합하여 대형쓰레기에 대한 수집, 운송과 처리를 강화해야 한다.

4.4 위험폐기물이 생활폐기물에 들어가는 것을 금지한다. 점차 독립 시스템을 건립하여 폐전지, 형광등관, 살충제용기 등을 수집, 운송과 처리한다.

5. 위생매립 처리

5.1 위생매립은 폐기물 처리에서 반드시 필요한 최종 처리수단이며 현 단계 우리나라 폐기물 처리의 주요 방식이다.

5.2 위생매립장의 계획, 설계, 건설, 운행과 관리는 엄격히 ≪도시생활폐기물위생매립기술표준≫, ≪생활폐기물매립오염공제표준≫과 ≪생활폐기물매립장 환경감독기술표준≫ 등의 요구에 따라 집행해야 한다.

5.3 위생매립장 부지를 과학적이고 적정하게 선택하여 위생매립이 환경에 대한 영향을 줄인다.

5.4 부지의 자연조건이 표준의 요구에 부합되는 것은 천연 삼투방지방식을 이용할 수 있다. 천연 삼투방지조건을 구비하지 않은 것은 인공 삼투방식 기술조치를 취해야 한다.

5.5 매립장 내에서 우수와 오수 분류를 실시하고 운행과정에서의 침출수 발생량을 줄여야 한다.

5.6 침출수 수집시스템을 설치하고 적정처리를 거친 폐기물 침출수를 도시 하수 처리시스템으로 배출시키는 것을 권장한다. 위 조건을 구비하지 못한 것은 독립으로 처리시설을 건설하여 배출기준에 도달한 후 수계에 배출할 수 있다. 침출수를 재순환시켜 처리량을 줄이고 처리 부담을 줄이며 위생매립장의 안정화를 가속화할 수 있다.

5.7 매립지 가스 추출 시스템을 설치하고 공정 조치를 취하여 매립가스의 측면이동으로 인한 안전사고를 막아야 한다. 되도록 매립가스에 대해 회수와 이용을 진행하여야 한다. 회수가 어렵고 이용가치가 없는 것은 유도처리 후 배출할 수 있다.

5.8 매립 시 셀 단위로 매립을 실시하고 매립폐기물을 압축하고, 일일복토를 효과적으로 실시해야 한다.

5.9 매립이 종료된 후 최종복토와 생태환경 회복을 유도하고 침출수, 매립지 가스를 계속하여 배기 처리해야 한다. 위생매립장이 안정되기 전에 지하수, 지표수, 대기에 대해 정기적인 감독을 해야 한다.

5.10 위생매립장이 안정화된 후 관측 자료와 이의 검토, 해당부서의 심의를 거친 후 토지에 대해 적절한 개발이용을 할 수 있으나 건축용지로 사용하는 것은 적당하지 않다.

6. 소각처리

6.1 소각은 소각로에 들어가는 폐기물 평균 발열량이 5000 kJ/kg 이상, 위생매립장 용지가 부족하고 경제가 발달한 지역에 적용한다.

6.2 폐기물 소각은 발전된 기술의 사용이 적합하며 기타 노형의 소각로를 신중하게 사용해야 한다. 시설기준에 도달하지 못하는 소각로의 사용을 금지한다.

6.3 폐기물은 소각로 내에서 충분히 연소시키고 연소가스는 애프터 버너에서 850℃

이상의 조건하에서 2초 이상 머무르게 해야 한다.

6.4 폐기물 소각에서 발생한 열에너지는 되도록 회수 이용하여 열오염을 줄여야 한다.

6.5 폐기물 소각은 엄격히 ≪생활폐기물소각오염공제표준≫ 등 해당표준의 요구에 따라 연소가스, 오수, 바닥재, 비산재, 악취와 소음 등에 대해 제어와 처리를 진행하여 환경에 대한 오염을 방지해야 한다.

6.6 선진적이고 확실한 기술 및 설비를 사용하고 폐기물 소각시의 연소가스 배출을 엄격히 제어해야 한다. 연소가스 처리는 반건식 세정과 여과집진방법을 사용하는 것이 바람직하다.

6.7 폐기물 저장 피트 안의 침출수와 생산과정의 폐수에 대하여 사전처리와 단독처리를 진행하고 처리기준에 도달한 후 배출해야 한다.

6.8 폐기물 소각에서 발생한 소각재는 감별을 거쳐 위험폐기물에 속하지 않는 것은 회수 이용하거나 직접 매립할 수 있다. 위험폐기물에 속하는 바닥재와 비산재는 반드시 위험폐기물로 분류하여 처리해야 한다.

7. 퇴비처리

7.1 폐기물 퇴비는 생물 분해가 가능한 유기물 함량이 40% 이상인 폐기물에 적용한다. 폐기물 분리수거의 기초 상에서 고온 퇴비처리를 진행하는 것을 촉진한다.

7.2 고온퇴비 과정에서 퇴비 더미 내의 온도는 55℃ 이상에서 5～7일을 유지해야 한다.

7.3 폐기물 퇴비장의 운영과 유지는 ≪도시생활폐기물퇴비처리장 운영, 유지 및 그 안전기술 규칙≫의 규정을 지켜야 한다.

7.4 폐기물 퇴비과정에서 발생한 침출수는 퇴비재료 수분조절로 사용할 수 있다. 밖으로 배출하는 것은 처리를 거쳐 ≪오수종합배출표준≫과 ≪도시생활폐기물 퇴비처리장 기술평가지표≫의 요구에 도달해야 한다.

7.5 조치를 취하여 퇴비과정에서 발생한 악취에 대하여 처리하고 ≪악취오염물배출표준≫의 요구에 도달하여야 한다.

7.6 퇴비제품은 ≪도시폐기물 농업용 공제표준≫, ≪도시생활폐기물 퇴비처리장 기술평가지표≫ 및 ≪분변 무해화 위생표준≫의 해당규정에 부합되어야 하고 퇴비제품 중 중금속의 검사와 제어를 강화해야 한다.

7.7 퇴비과정에서 발생한 잔여물은 소각처리나 위생매립 처리를 진행할 수 있다.

참고문헌

Chen, X., Geng, Y., and Fujita, T., "An overview of municipal solid waste management in China", Waste Management, Vol. 30, pp. 716-724 (2010)

Chen, Z., Gong, H., and Jiang, R., Jiang, Q., Wu, W., "Overview on LFG projects in China", Waste Management, Vol. 30, pp. 1006-1010 (2010)

Li, Lundong, "Waste-to-Energy in China : Status and Prospects", International Workshop on Urban Waste, Tsinghua University (2014)

Li, Xiaodong, "The situation and development of municipal solid waste incineration technologies in China", International Workshop on Urban Waste, Tsinghua University (2014)

Ren, Lianhai, "The situation and development of restaurant garbage treatment in China", International Workshop on Urban Waste, Tsinghua University (2014)

U.S. EPA, Method 1311, Toxicity Characteristic Leaching Procedure, Test Methods for Evaluating Solid Waste, Physical/Chemical Methods, SW-846

Wen, Xuefeng, "China Solid Waste Environmental Management", International Workshop on Urban Waste, Tsinghua University (2014)

김영미, 중국 지역별 폐기물 처리비용 산정 및 비용절감 방안에 관한 연구 : 거리함수 접근법, 인하대학교 대학원 석사학위논문 (2009)

박윤철, 이경아, "중국 지방정부의 환경 법규 및 제도와 환경우호기업에 관한 연구 - 쟝수성을 중심으로", 중국학논총, 제35집, pp. 145-174 (2012)

윤석표 외, 신폐기물처리, 3판, 동화기술, p.485 (2013)

윤석표, "중국의 폐기물 관리 시스템 현황", 한국폐기물자원순환학회지, Vol.31, No.6, pp.695-705 (2014)

환경부, 한국환경공단, 2012 전국폐기물 발생 및 처리현황 (2013)

"十二五"全国城镇生活垃圾无害化处理设施建设规划, 国办发 [2012] 23号 (2012)

2012 中国环境状况公报, 中华人民共和国环境保护部 (2013)

固体废物 浸出毒性浸出方法 硫酸硝酸法 HJ/T299-2007, 国家环境保护总局 (2006)

固体废物鉴别导则, 环保总局, 发改委, 商务部, 海关总署, 质监总局 (2006)

北京市垃圾渣土管理处, 对话生活垃圾, 中国社会出版社 (2013)

生活垃圾焚烧污染控制标准, 中华人民共和国国家标准 GB18485-2001 (2001)

生活垃圾填埋场无害化评价标准 CJJ/T107－2005 (2005)
生活垃圾填埋场污染控制标准, 中华人民共和国国家标准 GB16889-2008 (2008)
城市生活垃圾管理办法, 中华人民共和国建设部令第157号 (2007)
城市生活垃圾处理及污染防治技术政策, 建成[2000]120号, 建设部,国家环境保护总局, 科学技术部 (2000)
关于公布2012年城市生活垃圾处理设施无害化等级评定名单的公告, 中环卫函[2013]10号, 中国城市环境卫生协会
危险废物鉴别标准 浸出毒性鉴别, 中华人民共和国国家标准 GB5085.3-2007, 国家环境保护总局, 国家质量监督检验检疫总局 (2007)
危险废物经营许可证管理办, 中华人民共和国国务院令 第408号 (2004)
危险废物污染防治技术政策, 环发 [2001] 199号, 国家环境保护总局・国家经济贸易委员会・科学技术部 (2001)
危险废物转移联单管理办法, 国家环境保护总局令 第5号 (1999)
医疗废物管理条例, 中华人民共和国国务院令 第380号 (2003)
蒋建国, 固体废物处置与资源化, 第二版, 化学工业出版社 (2012)
中国气象局, 2014年中国气候公报 (2015)
废弃家用电器与电子产品污染防治技术政策, 环发[2006]115号, 环保总局,科技部,信息产业部, 商务部 (2006)
중화인민공화국 국가통계국 홈페이지, http://data.stats.gov.cn

전공용어 대조표 자료 출처

吴志才, 丁根宏, 英汉・汉英水污染科学词汇, 科学出版社 (2009)
蒋建国, 固体废物处置与资源化, 第二版, 化学工业出版社 (2012)
NAVER 중국어사전, http://cndic.naver.com
有道(Youdao) 词典, http://dict.youdao.com
구글 중국어－영어 번역기, http://translate.google.com

찾아보기

□ **윤석표**

1987년	서울대학교 토목공학과 (공학사)
1989년 KAIST	토목공학과 (공학석사)
1994년 KAIST	토목공학과 (공학박사)
1994.4~1999.2	삼성물산 건설부문 기술연구소 (선임연구원)
2014.2~2015.1	중국 Tsinghua University(清华大学) 방문교수
1999.3~현재	세명대학교 바이오환경공학과 교수 (전공분야 : 폐기물 관리)

〈저서〉

토양환경공학, 향문사, p.394, 2001.10.

폐기물 처리시설 설계를 위한 폐기물 실험방법, 신광문화사, p.324, 2002.2.

최신 환경학개론, 동화기술, p.289, 2007.3.

유해폐기물처리, 신광문화사, p.412, 2008.8.

고등학교 폐기물처리, 광주광역시교육청, 드림북, p.295, 2011.2.

저탄소 녹색성장을 위한 기후변화협약의 이해와 실무 응용, 동화기술, p.361, 2011.6.

신폐기물처리, 동화기술, 3판, p.485, 2013.9

폐기물처리기사 · 산업기사, (주)시대고시기획, p.588, 2014.1.

중국의 폐기물관리 정가 20,000원

인 쇄 2015년 9월 10일 초판 1쇄
발 행 2015년 9월 20일 초판 1쇄
저 자 윤석표
발행인 정우용
발행처 도서출판 동화기술
경기도 파주시 광인사길 201(문발동, 파주출판도시)
Tel (031)955-4211~6 donghwae@kornet.net
Fax (031)955-4217 www.donghwapub.co.kr
(등록) 1977년 12월 19일/9-16호

ISBN 978-89-425-9008-7